1~3岁幼儿
营养餐搭配攻略

陈国濠　编著

浙江科学技术出版社

图书在版编目（CIP）数据

1～3岁幼儿营养餐搭配攻略 / 陈国濠编著 . — 杭州：浙江科学技术出版社，2017.8

ISBN 978-7-5341-7650-0

Ⅰ . ① 1… Ⅱ . ① 陈… Ⅲ . ① 幼儿 – 食谱 Ⅳ . ① TS972.162

中国版本图书馆 CIP 数据核字 (2017) 第 124520 号

书　　名：1～3岁幼儿营养餐搭配攻略
编　　著：陈国濠

出版发行：浙江科学技术出版社
杭州市体育场路 347 号　邮政编码：310006
办公室电话：0571-85176593
销售部电话：0571-85062597　0571-85058048
网址：www.zkpress.com
E-mail：zkpress@zkpress.com
印　　刷：广州培基印刷镭射分色有限公司

开　　本：710×1000　1/16　　印　　张：10
字　　数：200 千字
版　　次：2017 年 8 月第 1 版　　印　　次：2017 年 8 月第 1 次印刷
书　　号：ISBN 978-7-5341-7650-0　　定　　价：29.80 元

责任编辑：王巧玲　仝　林　　责任校对：杜宇洁
责任美编：金　晖　　责任印务：田　文
特约编辑：田海维

前言 preface

妈咪用心做，宝宝胃口好

孩子是每个家庭的希望，谁都希望自己的孩子健康成长，然而孩子在成长过程中容易出现偏食、厌食等现象，让孩子在日常饮食中吃好、喝好，全面吸收各种营养，健康活泼地成长，想来是我们每一位家长的心愿吧。

本套 0~5 岁婴幼儿营养菜谱共有 3 本，分别为《0~1 岁婴儿辅食添加攻略》《1~3 岁幼儿营养餐搭配攻略》《3~5 岁儿童成长餐制作攻略》。以孩子科学饮食为主题，给家长以详尽、细致、暖心的指导，让我们的孩子在起跑线上就加足能量。

《0~1 岁婴儿辅食添加攻略》：从宝宝满 4 个月起，就要添加辅食了。怎样为宝宝科学、合理地添加营养辅食，怎样制作营养均衡的断奶餐，以及宝宝各个月龄所需要的喂养指南和食谱，均可在这本书里找到答案。

《1~3 岁幼儿营养餐搭配攻略》：1~3 岁幼儿的生长发育非常旺盛，生理功能日趋完善，所以应特别注意饮食营养和保健。这本书根据 1~3 岁幼儿的年龄特点和生长发育规律，教我们科学搭配食物，制作营养配餐。

《3~5 岁儿童成长餐制作攻略》：3 岁以上的儿童生长发育更加迅速，所选用的食物基本上与成年人接近。为了满足孩子所需的热量及平衡各种营养素，食谱的烹调方法也要千变万化。食谱的品种要多样化，应时常将各类品种更换或交替配搭，培养小孩子从小不拣饮择食、不偏食的习惯，要让他们吸收多种营养，健康地成长！

本套食谱不只是一套简单的食谱，它还提供了深入浅出的儿童营养学知识和喂养的各种窍门。全书图文并茂，实用易学，帮助妈妈有针对性地给孩子补充营养。

妈咪用心做，宝宝胃口好。有了这套书的帮助，你也可以烹制出色、香、味俱佳的健康营养美食，让宝宝吃出营养，吃出健康！让爱不停歇！

目录

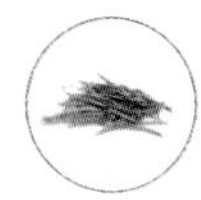
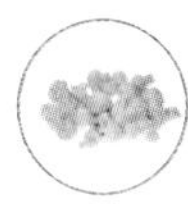

PART 1

健康宝贝：幼儿需要的营养和配餐

baby food

幼儿饮食的特点和原则

孩子1～3周岁为幼儿期。这个阶段也是宝宝生长发育最旺盛的时期，宝宝对各种营养素的需求相对较高。幼儿身体的各项生理功能日趋完善，乳牙长出，语言、动作及思维活动成长迅速，但对外在的不良刺激的防御性仍较差，所以膳食安排上应多加关照，特别要注意食物的科学搭配。

幼儿饮食的特点

宝宝满1周岁时，一般已长有6～8颗牙齿，咀嚼能力和消化能力都有了明显提高，但是消化系统还比较弱，无法和成人相比。此时宝宝的饭菜还应单独做，尽可能做得软、烂、碎一些，对于肉类和植物纤维类食物更要仔细加工，但不能做成糊状食物，应制成小块或条状，目的是在训练宝宝咀嚼的同时训练其吞咽。在保持正常膳食的同时，还应保证幼儿每天至少喝2次牛奶，总量在400毫升左右。

宝宝满1岁半时，随着其消化功能的不断完善，饮食的种类和制作可逐渐向成人化过渡，开始以谷物类为主，蔬菜、肉类为辅的三餐主食结构。食物要讲究营养均衡并易于消化，还应尽可能做得软些。每天应喝牛奶，可给予2次点心，但量不宜多。

宝宝2岁后，食物的品种和花样更要不断

增加，在保证食物新鲜和色香味俱全的同时，要注意调动宝宝的食欲。食物制作时，有的还需切得碎、煮得烂一些，口味应总体保持清淡。这时还要给宝宝适当补充含碘丰富的食物，如紫菜（海苔）、海带等，这有益于促进幼儿神经系统和智力的发育。

2岁半到3岁的幼儿一般已出齐20颗乳牙，咀嚼能力大大增强，可以直接吃许多成人平常吃的食物，如馒头、面条、饺子、馄饨等，但是即使是6岁的儿童，其咀嚼能力也只能达到成人的40%～50%，所以对于3岁以下的小孩来说，有些食物还需要单独做，如米饭要做得软一点，肉要切得碎点、炖得烂些，而较坚硬的食物仍不宜直接给宝宝食用。宝宝幼儿期须保证营养摄取充足，必要时可适当补充一些钙、铁等营养素，以防贫血、佝偻病的发生。

幼儿饮食的原则

幼儿饮食的一般基本原则是：根据年龄特点、生长发育规律和季节变化，合理选择和搭配食物，总体上要求以谷物为主，菜为辅，果为充，肉为益，尽可能做到品种多样、营养均衡、数量适宜、容易消化和单独烹调。幼儿饮食的总要求是提供充分、均衡的营养，以清淡为主，在此原则指导下，做到“四个搭配”。一是荤素搭配：每餐食物都要既有荤菜，又有素菜，要疏导和杜绝只吃肉不吃菜的行为；二是粗细搭配：幼儿每天的主食除了细粮，还应尽可能搭配一点粗粮；三是干稀搭配：一日三餐最好有干粮、有汤或粥，还应喝牛奶和补充充足的水分；四是蔬果搭配：不仅要多吃蔬菜，还要吃水果，不吃蔬菜或不吃水果都是不可取的。

幼儿膳食指南

宝宝幼儿期的饮食原则是从液体食物逐渐过渡到半固体、固体软食，最后到家庭食物。这一时期是用乳制品和日常膳食逐渐替代母乳的过渡期。根据幼儿咀嚼和消化能力还不强的特点，给幼儿的食物除了要细碎和软烂外，还务必保证营养丰富。幼儿期宝宝的膳食安排需遵循以下原则：

继续乳制品或母乳喂养，并过渡到食物多样化

进入幼儿期的宝宝，每天在膳食基础上还应摄入不少于350毫升的液态奶（建议首选幼儿配方奶粉，必要时还可继续母乳喂养），此阶段仍不建议饮用鲜奶或市售液态奶。这时，宝宝

婴儿期的辅食开始变为主食，奶类则成为辅助食物。给幼儿安排的膳食中要强化蛋白质和钙、铁、锌、硒以及维生素A、B族维生素等营养成分，可以将幼儿配方营养食品和家庭自制的主、副食物相结合。继续喂母乳的一般最迟到宝宝2岁应停止母乳喂养，且在此期间，每天喂母乳次数不应超过2次，但应继续提供配方奶粉或其他乳制品。继续增加细、软、烂的膳食，种类不断丰富，数量逐步增加，膳食安排应做到荤素搭配、粗细搭配、干稀搭配、果蔬搭配。

选择营养丰富、易消化的食物

食物的选择要以营养全面、易消化为原则，还要种类多样，合理搭配。此外，应增加富含蛋白质的食物和富含铁的食物，以预防铁缺乏和缺铁性贫血。鱼类的营养有益于神经系统发育，幼儿可多吃鱼虾类食物。食物搭配上以粮谷类为主，其次是蔬菜、乳类和其他动物性食品，豆类适量。具体来说，幼儿主食可常吃粥、软饭、面条、馒头、包子、水饺、馄饨等，以大米、面、小米、玉米粉、麦片、薯类等交替搭配为宜。副食以各种菜、肉搭配，做到荤素平衡。需要注意的是，不宜给幼儿直接食用较坚硬的食物（如硬壳干果类），口味重的食物和腌腊食品最好不吃，甜食也不宜多。

选用适宜的烹调法，单独制作

幼儿的膳食还需专门加工、单独烹制，食物还应做得相对细、软、碎、烂一些。花生、大豆等较硬的食物宜先磨碎，制成泥糊或小粒。口味上以清淡为好，不宜咸，少用调味品，避免辛辣刺激性食物，少吃油炸、烤、烙、煎的食物。食物烹调宜用蒸、煮、煨、炖等方法，应有较好的色、香、味、形，注重花样品种的交换更替，以促进幼儿的食欲。

规律进餐，培养良好的饮食习惯

幼儿的胃容量相对较小，加上活泼好动，容易饥饿，一般在1～2岁时每日要吃5～6餐，2～3岁时保持每日4～6餐，一般除早、中、晚三顿正餐，在两餐之间还应给予加餐，加餐以牛奶、蛋糕、面包、藕粉、豆浆、稀粥、米糊、新鲜水果或其他稀软的面食为宜。晚餐后也可加餐和进食零食，但忌甜食，且每餐的间隔至少要在2小时以上。

重视幼儿饮食习惯的培养，应该在饮食安排上逐渐做到定时、定点、定量、有规律地进餐，不随意改变幼儿的进餐时间；鼓励、安排较大的幼儿和家长一同进餐，注意培养他集中精力进食，进餐时不要看电视或做其他活动；家长要以身作则，用良好的饮食习惯影响孩子，引导他养成不挑食、不偏食、不暴食、少吃零食和细嚼慢咽、专心进餐的好习惯。但是，当孩子胃口不好、食欲不佳时也不要强迫其进食。父母还要尽可能创造良好的进餐环境，桌、椅和餐具最好适当儿童化，鼓励和引导孩子使用小勺、筷子自主进餐。

让幼儿多到户外游戏

单纯依靠膳食难以满足宝宝对维生素 D 的需要，多带宝宝到户外活动，享受日光照射，能促进皮肤合成维生素 D，对钙的吸收和骨骼发育有益。每天安排幼儿 1 ~ 2 小时的户外活动和游戏，还有助于幼儿体能、智能的锻炼和身体能量平衡的维持，避免幼儿瘦弱或肥胖。

合理安排零食

零食对于幼儿来说是少不了的，但零食的品种、数量和给予时机应合理，要能增加幼儿对食物的兴趣，辅助能量补充，又不能影响主餐的食欲和进食量。零食应以水果、乳制品等食物为主，但要控制纯能量类零食，如糖果、甜饮料、果冻等含糖高的食物要少吃。

确保饮食卫生，足量饮水

给幼儿安排膳食要选择清洁新鲜的食物原料，不能让其吃隔夜饭菜。选用半成品食物或熟食时，应彻底加热。幼儿的餐具清洗后应加热消毒。要注意幼儿的个人卫生，并使其养成饭前、便后洗手的卫生习惯。幼儿的新陈代谢要快于成人，对水的需求也更高。1 ~ 3 岁幼儿每日每千克体重约需水 125 毫升，全日总需水量为 1250 ~ 2000 毫升。除了来自营养素代谢和食物所含的水分外，约有一半水需要通过直接饮水来满足，幼儿每日需喝水 600 ~ 1000 毫升，最宜喝白开水。含糖饮料和碳酸类饮料不宜让幼儿饮用。

1~3 岁幼儿的每日食物安排

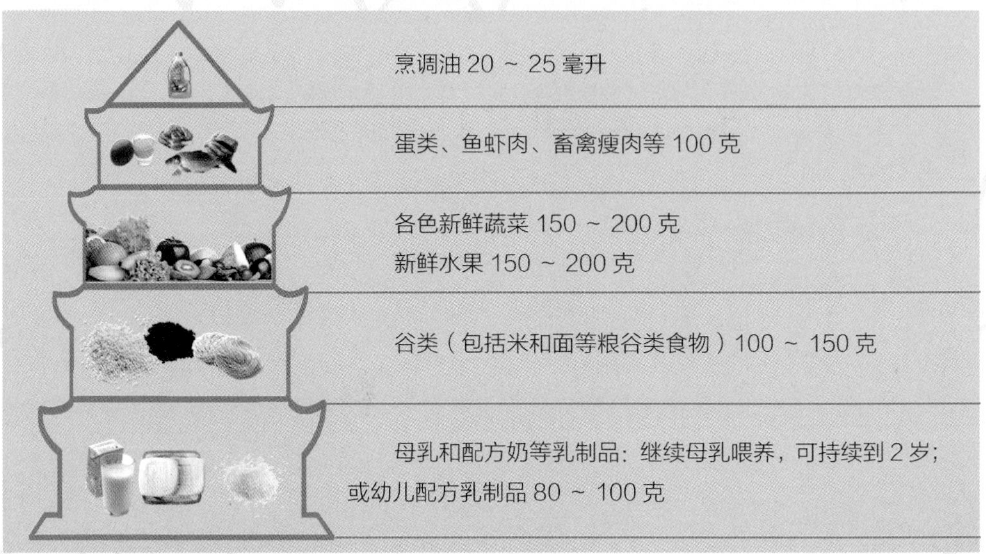

给幼儿的食物品种和数量安排应以中国营养学会妇幼分会提出并制定的“1 ~ 3 岁幼儿平衡膳食宝塔”为依据。

1 ~ 2 岁幼儿每日膳食安排的食物品种和数量

母乳或幼儿配方奶粉等乳制品 80 ~ 100 克（相当于 400 ~ 600 毫升奶量）或者鲜牛奶 350 毫升（加蔗糖 25 克）；米和面等粮谷类食物 100 ~ 125 克；蛋类、鱼虾肉、畜禽瘦肉等 100 克左右；新鲜绿色、红黄色蔬菜和水果各 150 克，以果菜泥、果菜汁或者果菜末的形式给幼儿食用为佳；烹制食物用的植物油每日不超过 20 克。在以上每日选用食物的基础上，每月选用猪肝 75 克或者鸡肝 50 克（或羊肝 25 克），做成肝泥，分次食用，一般每周 1 ~ 2 次。

2 ~ 3 岁幼儿每日膳食安排的食物品种和数量

幼儿配方奶粉 80 ~ 100 克（冲调 400 ~ 600 毫升奶）或者鲜牛奶 350 毫升（加蔗糖 25 克）；米和面等粮谷类食物 125 ~ 150 克；蛋类、鱼虾肉、畜禽瘦肉等合计 100 克左右；新鲜绿色、红黄色蔬菜和新鲜的质地柔软的水果各 150 ~ 200 克；20 ~ 25 克植物油。在以上每日选用食物的基础上，每月用猪肝 75 克或者鸡肝 50 克（或羊肝 25 克），做成肝泥，分次食用，一般每周 1 ~ 2 次。

PART 2

妈咪我爱吃：1~2 岁宝贝的营养餐

宝贝的营养饮食

宝宝营养饮食指南

宝宝 13 个月后，大部分已经断奶，不再依靠母乳作为主要的食物来源。饮食结构开始向普通食物结构转化。在此时期，要注意保证饮食的营养全面，以满足宝宝身体生长发育的需要。每天为宝宝准备的膳食应依据其活动规律来合理搭配，兼顾糖类、脂肪、蛋白质、微量元素等食物营养素的均衡摄入。

父母给宝宝的食物品种要多样化，一个星期内的食谱最好不要重复，以维持宝宝良好的食欲和正常的营养素摄入。13 个月以上的宝宝，其咀嚼、消化、吸收功能逐渐变得成熟，平时可将宝宝每天进餐次数改为 5 次，其中 3 顿正餐，上午和下午再另外各加 1 次点心，也可以继续每天加喂 1 个鸡蛋和 250 毫升的牛奶。

宝宝膳食安排注意要点

为了满足 13 ～ 18 个月的幼儿生长发育的需求，应以粮食、奶、蔬菜、肉、蛋、鱼为主要食物。所安排的膳食品种要多样化，最好荤素搭配，粗细粮交替，保证每天摄入足量的蛋白质、脂肪、糖类，以维持幼儿的正常生长发育。制作幼儿的膳食时，烹制方法要尽量多样化，注意色、香、味、形俱佳，兼顾细、软、碎的特点，尽量避免用炒、煎、炸、爆等烹调方法，以利于幼儿消化和有效营养成分的吸收。每天为幼儿制定食谱时，应该适当给予一定量的水果，特别是含维生素 C 较多的水果，如柑橘类、

枣、山楂、猕猴桃、草莓等。另外，每天仍需加服鱼肝油 2 次，每次 3 滴，或维生素 D_2/D_3 每日 400IU 以上；钙片每天 1 ~ 2 次，每次 1 片。幼儿出现营养不良可能是不好的饮食习惯导致的，如果摄入的营养成分不够全面、均衡，就会影响生长发育。让幼儿养成良好的饮食习惯有利于其保持较好的食欲，避免出现挑食、偏食。同时也不要让他吃太多零食，最好多给他吃一些黄色、绿色的新鲜蔬菜，如菠菜、油菜、西蓝花、土豆、胡萝卜、柿子椒、红薯等。

宝宝饮食宜忌

宜：

※13 ~ 18 个月的幼儿大都可以摄入谷物类食物，如小米、玉米中富含胡萝卜素，谷类胚芽和谷皮中含有维生素 E，幼儿都可适量摄入。在给这个时期的幼儿搭配膳食时，应注意谷物与豆制品的搭配，因谷类中个别人体必需的氨基酸含量较低，而豆类中富含谷物中缺少的这类营养素，两者搭配才能达到营养互补的效果。

※13 ~ 18 个月的幼儿的咀嚼能力逐渐加强，消化吸收能力发育较好，可以吃一些软米饭，也可适量吃一点添加了糙米的粥。但应注意，加糙米的粥最好用高压锅煮烂，或者用砂锅煮软。建议父母给幼儿食用红薯粥、土豆粥、南瓜粥以及加了豆类的粥。

忌：

※ 有的父母喜欢将馒头泡汤或米饭泡汤来喂幼儿，其实汤水会冲淡胃液，影响幼儿的消化吸收。泡软的饭食不能刺激口腔分泌唾液来分解食物，更不能持久锻炼幼儿的咀嚼能力。因此，为保证幼儿的消化吸收功能和咀嚼能力，最好不要用汤或水给孩子泡饭吃。

※ 随着幼儿的生长发育，其所接触到的东西逐渐增多，部分幼儿的食欲不如以前，有时还会出现挑食或偏食。幼儿对食物的喜好可能会没有规律性，父母也不要强逼孩子以同样的方式进食。

※ 脂溶性维生素可以在人体内储存（如维生素 A 和维生素 D），但也应适量摄入（严格遵守医生规定的量）。如果过量的话，营养素在人体内达到一定的浓度会出现中毒症状，对肾脏造成损害，令身体软组织钙化。

※ 幼儿补血不能仅仅靠吃鸡蛋黄和菠菜，同时还应该多吃猪肝、鱼类、猪瘦肉、牛肉、羊肉、豆荚类、韭菜、芹菜、桃子、香蕉、核桃、红枣等，这些食物中的铁进入人体后，容易被肠道吸收。

※ 幼儿在这个时期不能过于肥胖，否则在成年后容易罹患高血压、动脉硬化、胆囊炎、糖尿病。幼儿的肥胖一般属于单纯性肥胖，可能与家族遗传因素有关，但大部分原因是吃得过量而活动较少。吃得过多，身体多余的热量没有合理消耗掉，会变成脂肪堆积在皮下，久而久之便会使体重增加而形成肥胖，影响幼儿的健康成长。

※ 宝宝在生病时，不管是消化道问题还是呼吸道问题，均会影响消化酶的分泌。因此，在宝宝生病期间，不宜强迫其进食，以避免加重胃肠道负担。

每日食物构成推荐

每日牛奶或豆浆 1 ~ 2 杯(250 ~ 500 毫升)。主食以谷类为主，每日可以给予米粥、软面条、麦片粥、软米饭、玉米粥等 2 ~ 4 小碗（ 100 ~ 200 克 ）。每日添加优质高蛋白质食物 25 ~ 50 克，如鱼肉小半碗或小肉丸子 3 ~ 5 个，也可以添加鸡蛋 1 个或者炖豆腐小半碗。

蔬菜是维生素、矿物质和膳食纤维的主要来源，主要有胡萝卜、油菜、小白菜、菠菜、豌豆荚、苋菜、番茄、土豆、南瓜、红薯等。可制成菜泥、小条小块或切碎煮烂，每日小半碗（ 50 ~ 100 克 ），与主食同吃。新鲜水果是维生素和矿物质的主要来源，如苹果、柑橘、桃、香蕉、猕猴桃、草莓、梨、西瓜、甜瓜等都可选用。每日给予新鲜水果 50 ~ 100 克，制成果汁、果泥、果酱，也可切成小条小块，不要食用水果种子、核仁。普通水果每日半个到 1 个，草莓 2 ~ 8 颗，西瓜 1 ~ 2 块，香蕉 1 ~ 2 根。每日 3 顿正餐，2 顿点心餐。可提供小糕点，如含糖低的饼干、蛋糕、酸奶和水果等。一次应少给一点，有需要时再另外增加，目的是增加热能的摄入量。每周添加 1 ~ 2 次动物肝和血（ 25 ~ 50 克 ），可以补充铁、维生素 A、维生素 B_1、维生素 B_2 等营养素。

宝宝每日配餐食谱举例

餐 时	食 谱
早餐 07：30	面包 35 克，鸡蛋 1 个
加餐 10：00	牛奶 250 毫升，饼干 30 克
午餐 12：00	稠粥 1 碗，软煎鱼球 80 克，三丝汤 100 克
加餐 15：00	香蕉 1 根，糯米糍 50 克
晚餐 18：00	米饭 1 碗，珍珠丸子汤 1 碗
晚点 20：30	牛奶 150 毫升

鲜香蔬菜银鱼粥

食材

大米50克，银鱼20克，紫苋菜50克，食盐、橄榄油各少许。

妈咪巧手做：

1. 将紫苋菜择洗干净，焯一下水后立即放入冷水中泡凉，捞出后沥去多余水分，切成小段；银鱼泡水，洗净备用。
2. 大米淘洗干净，加适量水放入锅中煮粥，待粥熟时加入苋菜段、银鱼煮熟，调入食盐、橄榄油，再稍煮片刻即可。

宝贝营养指南：

苋菜含有丰富的铁、钙和维生素K，对牙齿、骨骼的生长和造血功能有促进作用，能提高幼儿的免疫力，促进生长发育。而银鱼所含的蛋白质比牛奶更能被人体充分吸收，也是缺钙、体质虚弱、营养不足和消化不良的幼儿的理想食物。此菜中用到的银鱼选用鲜银鱼最适宜。

鲜汤鸡肉玉米羹

食材

嫩玉米粒100克，鸡胸肉60克，鸡蛋1个，鸡汤、湿淀粉、葱末、姜末、火腿末、食盐、植物油各少许。

妈咪巧手做：

1. 将鸡胸肉洗净，剁成泥，装入碗里，加入鸡蛋、葱末、姜末、食盐、湿淀粉拌匀；嫩玉米粒加适量水磨碎成浆，倒入鸡泥一起拌匀。
2. 锅中放入少许植物油烧热，把调好的玉米鸡泥倒入锅内，用勺轻轻推动，放入鸡汤煮至成羹，加入火腿末再煮片刻即成。

宝贝营养指南：

常食玉米对促进健康颇为有利。玉米中含有较多淀粉，蛋白质和脂肪含量也比大米、面粉高，还含有卵磷脂、膳食纤维和镁、硒等人体必需的微量元素。从营养学上划分，玉米被归为主食类，而在主食中，玉米的营养价值和保健作用最高。给幼儿的食物中常加入玉米，能促进幼儿的脑细胞发育，调节神经系统功能，有健脑之效，还能刺激胃肠蠕动，帮助消化，防治便秘。

鸡蛋2个，鸡肉末15克，蟹脚肉15克，高汤60毫升，食盐少许。

蟹肉蒸蛋

妈咪巧手做：

1. 将鸡肉末、蟹脚肉一起放入碗中拌匀。
2. 鸡蛋打散后过细筛，滤除杂质，加入高汤、食盐拌匀，倒入装有鸡末蟹肉的碗中，再次搅拌均匀。
3. 蒸锅中加水煮开，将调好的蛋液放入蒸笼，以大火蒸熟即可。注意不要蒸过头。

宝贝营养指南：

蟹肉含有丰富的蛋白质及微量元素，有很好的滋补作用，可补骨添髓、滋肝阴、充胃液。蟹肉中丰富的铜可帮助组织中的铁进入血液中，从而提高人体对铁的吸收率，能起到预防幼儿贫血的作用。鸡蛋含有丰富的卵磷脂、DHA（二十二碳六烯酸，俗称“脑黄金”）、B族维生素等营养素，对幼儿神经系统和身体的发育有良好的促进作用。

食材

馄饨皮150克，猪肉末150克，虾皮10克，鸡蛋1个，卷心菜50克，胡萝卜、洋葱各30克，黑木耳5克，腐竹10克，葱花、花生油、香油、食盐、鸡精各少许，清鸡汤适量。

八鲜馄饨

妈咪巧手做：

1. 将卷心菜洗净，用沸水烫一下后剁碎；黑木耳和腐竹用温水泡发，切成碎末；洋葱、胡萝卜分别剁成碎末；虾皮用清水泡洗一下，沥干。
2. 锅中倒入花生油烧热，下入洋葱末煸香，冷却后再加入猪肉末、虾皮、鸡蛋、卷心菜末、胡萝卜末、黑木耳末、腐竹末和食盐、香油、鸡精拌匀制成馅心。
3. 将馅心包入馄饨皮中，做成馄饨。
4. 锅中倒入清水烧开，投入馄饨，用大火将馄饨煮至浮起，加适量冷水，煮熟后捞出，放入预先用清鸡汤加葱花、食盐、香油烧制成的鲜汤内即成。

宝贝营养指南：

以8种幼儿适宜的食物调拌成馄饨馅料，包含了肉、蛋、豆制品、蔬菜、虾皮等，富含优质蛋白质、维生素A、维生素D、维生素K、B族维生素和钙、铁、磷、镁、锌等矿物质元素，对幼儿全面摄入营养十分有益。馄饨可一次多包一点儿，冷藏于冰箱中，方便取用。

食 材

哈密瓜 200 克，胶冻粉 2 大匙，牛奶 150 毫升，葡萄糖浆 20 毫升。

哈密瓜奶冻

妈咪巧手做：

1. 将哈密瓜切成小丁，和牛奶一起放入果汁机中，搅打成泥状备用。
2. 锅内加入适量水，煮开熄火，加入胶冻粉、葡萄糖浆及打好的哈密瓜奶泥，拌匀后倒入小碗（或小杯子）中，待凉后再放入冰箱冷藏室，等凝结成果冻状即成。

宝贝营养指南：

哈密瓜含有丰富的维生素及钙、磷、铁、钾等十多种矿物质，为天然保健果品，有清凉消暑、利小便、除烦热、生津止渴的作用，能促进内分泌和造血功能，防治贫血。因其香甜多汁，可促进幼儿食欲，利于肠道系统的消化活动，对食欲不好和便秘的孩子十分有益。如果宝宝喜欢水果或牛奶味儿浓一点儿，可把水的分量减少一些，或多加点新鲜果汁或牛奶，这样还会增加蛋白质和维生素、矿物质的含量。

食 材

鸡蛋 2 个，番茄 60 克，菠菜 50 克，高汤 100 毫升，食盐、虾米、湿淀粉、香油各少许。

蔬菜鸡蛋羹

妈咪巧手做：

1. 将鸡蛋磕入碗中打散，加适量水调匀后入蒸锅蒸熟；番茄洗净后切成丁；菠菜用开水焯一下，沥干后切末；虾米用清水浸泡后切碎。
2. 炒锅内放入香油烧热，再放入虾米末、番茄丁、菠菜末炒匀，加高汤烧开，调入食盐，用湿淀粉勾芡，倒在蒸好的蛋羹上即可。

宝贝营养指南：

实验证明，常摄取或补充番茄食品的儿童，比没有食用番茄食品的儿童长得更快，并且较少发生营养不良问题。菠菜含有丰富的维生素和大量绿叶素，是脑细胞发育的“最佳营养供给者”之一，具有健脑益智作用，可促进人体新陈代谢。鸡蛋含有人体需要的几乎所有营养物质，有“理想的营养库”之称，营养学家又称之为“完全蛋白质模式”。

香蕉苹果牛奶糊

食 材

牛奶150毫升，香蕉1根，苹果150克，玉米面15克，白砂糖少许。

妈咪巧手做：

1. 香蕉去皮，切成段，用开水烫一下后捞出，用勺子压磨成泥状；苹果去皮，把果肉刮成碎蓉。

2. 将牛奶倒入锅内，加入苹果蓉，然后将玉米面用少许水调匀，和白砂糖一起加入锅内，边煮边搅匀。

3. 把煮好的苹果牛奶倒入香蕉泥中，拌匀即成。

宝贝营养指南：

香蕉和苹果都是营养丰富、能让人愉快的水果，有助于减轻心理压力，解除忧郁。牛奶中优质的蛋白质和钙极易被人体吸收，钾、镁、磷、锌等多种矿物质搭配也十分合理，含维生素D也较多。此糊对刚刚断奶，身体虚弱的宝宝有良好的调理作用，可保证营养全面供给。

鸡肉蛋菜蒸乌龙面

食材

乌龙面50克，鸡蛋1个，菠菜20克，香菇粒15克，胡萝卜粒10克，鸡腿肉20克，高汤适量，植物油、食盐各少许。

妈咪巧手做：

1. 将乌龙面剪成长约5厘米的小段，用沸水烫过，拨散；菠菜先焯水，再煮熟，挤干水分后切碎；鸡腿肉切成碎丁；鸡蛋打入碗中，加入高汤、食盐搅匀。
2. 锅内倒入植物油烧热，将鸡腿肉碎丁炒香。
3. 把乌龙面放入蒸碗中，放上香菇粒、菠菜粒、胡萝卜粒和鸡腿肉碎丁，倒入搅匀的鸡蛋液，放入蒸笼蒸熟即可。

宝贝营养指南：

乌龙面即乌冬面，是一种营养丰富的日式面条。以面食搭配肉类、鸡蛋和各种蔬菜做主食，有利于幼儿摄入全面的营养物质，有益于神经系统的健康发育。

食 材

大米 75 克，猪肉末 50 克，油菜叶（或白菜、小白菜、菠菜等）50 克，植物油、酱油、食盐、葱末、姜末各少许。

鲜蔬肉末粥

妈咪巧手做：

1. 将大米淘洗干净，放入粥锅中，加适量水，用大火煮开，转小火煮成粥；油菜叶洗净，切碎。

2. 炒锅内加植物油烧热，放入猪肉末炒散，加葱末、姜末煸炒出香味，加酱油略炒，再放入油菜末、食盐炒匀，起锅倒入粥锅里，再稍煮片刻即成。

宝贝营养指南：

大米是人体摄取 B 族维生素的重要食物来源，也是预防脚气病、消除口腔炎症的重要食疗食物。大米粥具有补脾、和胃、清肺功效；米汤可益气、养阴、润燥，刺激胃液的分泌，有助于消化，并对脂肪的吸收有促进作用。在大米粥中加入肉和蔬菜，丰富了粥的营养。制作本款营养餐时，注意粥要煮得软烂一些，也可用鱼肉、虾肉和蔬菜组合。

食 材

鲑鱼肉 100 克，软米饭 50 克，番茄片 20 克，油菜末、洋葱末、黄瓜粒各 15 克，食盐、色拉油各少许。

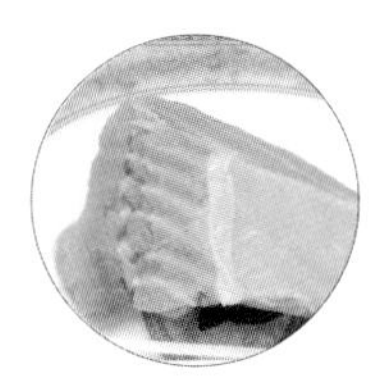

宝宝乐鲑鱼饼

妈咪巧手做：

1. 将鲑鱼肉洗净，剁成末。

2. 将鲑鱼肉末、油菜末、洋葱末、黄瓜粒、食盐、软米饭充分搅拌，分成若干份，捏成椭圆形，再压扁成小饼状。

3. 平底锅中放少许色拉油烧热，放入做好的鱼饼生坯，将两面煎熟，装盘，以番茄片围边即可。

宝贝营养指南：

鲑鱼俗称三文鱼，营养丰富，食之有利于保护心血管健康，对视网膜和神经系统的健康发育非常有益。用鲑鱼肉和米饭及各种新鲜的蔬菜组合给宝宝制作食物，几乎包含了所有生长发育需要的营养物质，可作为幼儿主食的良好选择。本款营养餐也可以用鳜鱼肉、黄鱼肉、鲈鱼肉来做。

食 材

鹌鹑蛋150克（约15个），水发黄花菜、水发木耳、火腿末、洗净的油菜、豌豆各15克，豆腐30克，香油5毫升，鲜汤50毫升，料酒、食盐、鸡精、湿淀粉各少许。

六鲜鹌鹑蛋

妈咪巧手做：

1. 将10个鹌鹑蛋的蛋清、蛋黄分开，其余鹌鹑蛋煮熟，去壳；洗净的油菜剁成末；黄花菜、木耳、豆腐均剁碎，加食盐、鸡精、香油、料酒和鹌鹑蛋清一起拌成馅。
2. 将鹌鹑蛋竖着切开，挖去蛋黄，填入拌好的馅，再用生蛋黄抹一下，点上豌豆，撒上火腿末和油菜末，装盘，上笼蒸10分钟。
3. 锅中放入鲜汤，调入少许食盐，汤沸时用湿淀粉勾芡，出锅浇在蒸好的鹌鹑蛋上。

宝贝营养指南：

鹌鹑蛋的营养价值不亚于鸡蛋，可补气益血，补脑健脑，强筋壮骨，丰肌泽肤。搭配多种适宜幼儿吃的荤素食物，造型可爱，味道鲜美，对增加食欲、促进大脑的发育很有助益。妈妈应知道和了解一些能促进大脑发育的食物，并在幼儿膳食中合理安排，如牛奶、鹌鹑蛋、鸡蛋、豆制品、瘦肉等都是较好的选择。

食 材

鲜虾100克，豆腐200克，洗净的韭菜10克，鸡蛋1个，高汤30毫升，葱末、姜末、胡椒粉、花生油、香油、食盐各少许。

鲜味虾粒豆腐泥

妈咪巧手做：

1. 将鲜虾去头、壳，挑除泥肠后洗净，切成丁；韭菜切成粒；豆腐洗净，焯一下水，剁成泥，加入鸡蛋、高汤、食盐、胡椒粉调匀。
2. 炒锅内放入花生油烧热，下入调好的豆腐泥炒至八成熟，出锅。
3. 原锅中再放入少许花生油烧热，放入葱末、姜末炒香，随即下入虾肉丁煸炒，加入食盐炒香，再倒入豆腐泥、韭菜粒，淋入香油，炒匀即成。

宝贝营养指南：

虾肉、豆腐都含丰富的优质蛋白质和充足的钙、铁、磷、镁、碘等矿物质，有益于幼儿全面摄取营养，促进其健康发育，健脑作用突出。1岁以后的幼儿，日常食物要保证多样化和营养摄取全面、均衡，豆制品、鱼虾类是必不可少的，这也有利于宝宝记忆力、想象力和思维分析能力的提高。

奶香豌豆煮鸡肉

食材

豌豆30克，牛奶100毫升，净鸡胸肉50克，食盐少许。

妈咪巧手做：

1. 将豌豆洗净，去除外膜，用开水先焯一下，再入锅煮至熟透；鸡胸肉切成碎丁，用开水汆一下。

2. 将豌豆、牛奶、鸡胸肉碎丁放入锅中，加入少许煮豌豆的汤，置火上用小火煮至鸡肉熟烂，调入少许食盐即成。

宝贝营养指南：

这款营养餐的食物搭配合理，营养全面。除膳食纤维外，牛奶含有人体所必需的全部营养物质，是唯一的全营养食物，含有成长发育必需的一切氨基酸。豌豆富含赖氨酸，这是其他粮食所没有的。赖氨酸是人体需要的一种氨基酸，能促进人体发育、增强免疫功能，并有提高中枢神经组织功能的作用。鸡肉蛋白质含量较高，且易被人体吸收、利用，有增强体力、强壮身体的作用。

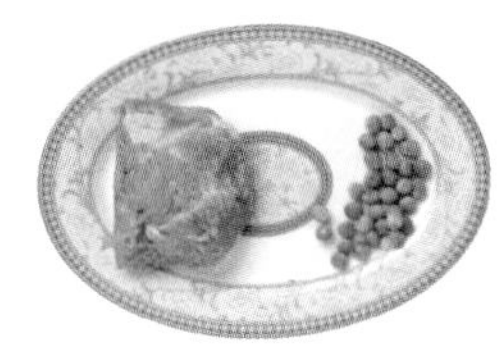

食材

土豆150克，火腿末150克，大骨汤适量。

大骨汤拌土豆泥

妈咪巧手做:

1. 将土豆去皮洗净，切成小块，放入锅内，加适量水煮至烂熟，捞出后用汤匙捣碎压磨成细泥状。

2. 把土豆泥盛入小碗内，加入火腿末、大骨汤，搅拌均匀即可。

宝贝营养指南:

土豆是根茎类食物，含有较多的糖类、磷、钙、维生素C、粗纤维，能帮助身体生成能量，对幼儿消化不良的调理很有帮助。孩子刚断奶时，食物还应细、软、烂一点，以易消化、多品种和营养全面为根本，尽量适合孩子的口味。

食 材

猪里脊肉末150克，圆椒、胡萝卜、洋葱各15克，香菇20克，鸡蛋1个，淀粉、湿淀粉、番茄酱、酱油、食盐、色拉油各少许。

什锦鲜蔬炖小肉丸

妈咪巧手做：

1. 在猪里脊肉末中加入鸡蛋、淀粉、食盐拌匀，做成若干指尖般大小的小肉丸，煮透后汤汁留用。
2. 洋葱、胡萝卜、圆椒、香菇分别切成粒。
3. 锅内烧热色拉油，放入切成碎粒的洋葱、胡萝卜、圆椒、香菇炒香，加入煮肉丸的汤煮开，调入番茄酱、酱油、食盐，下入小肉丸再煮片刻，用湿淀粉勾芡即可。

宝贝营养指南：

多种蔬菜和肉丸搭配，营养、口味俱佳，能及时补充幼儿发育所需的各种营养。蔬菜搭配上还可用菠菜、豆苗、娃娃菜、白菜和其他菇类等。

食 材

豆腐1块，猪绞肉50克，淀粉15克，姜末、食盐、香油各少许。

炸双鲜豆腐丸

妈咪巧手做：

1. 豆腐洗净后压磨成泥；猪绞肉放入盆中搅打至有黏性，加入豆腐泥、淀粉、姜末、食盐拌匀。
2. 将手掌略沾湿，捏取豆腐肉泥挤成肉丸，放在抹好香油的蒸盘中。
3. 把做好的豆腐肉丸放入蒸锅中，用大火蒸熟即成。

宝贝营养指南：

豆腐中含有丰富的蛋白质、大豆卵磷脂和铁、钙、镁，有益于神经、血管、大脑的生长发育，对小儿骨骼与牙齿生长有促进作用；而镁还对心肌有保护作用。用豆腐和肉末搭配做丸子，有利于幼儿适应各种食物，促进咀嚼能力的发展。

食 材

豆腐200克，虾仁100克，鸡蛋1个，瘦肉末50克，葱末5克，淀粉10克，植物油200毫升，食盐、鸡精、胡椒粉各少许。

清蒸肉香豆腐丸

妈咪巧手做：

1. 将豆腐、虾仁分别洗净，剁成泥。
2. 将剁好的豆腐、虾仁和瘦肉末一同放入大碗内，加入葱末、鸡蛋、淀粉、食盐、胡椒粉、鸡精，用筷子顺一个方向搅打上劲，制成馅料。
3. 锅置火上，倒入植物油烧至五成热，将搅好的馅料挤成小丸子逐个放入油锅中，炸至熟透后捞出沥油，装盘即可。

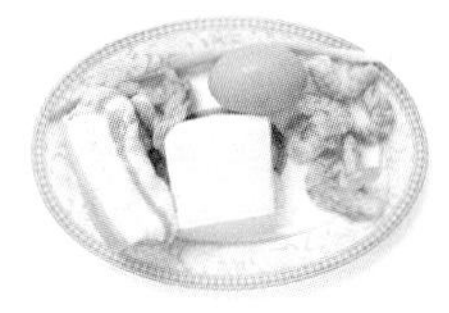

宝贝营养指南：

幼儿身体发育迅速，要多提供富含蛋白质、钙、铁和足量维生素的食物。这款丸子可直接食用，也可再配些蔬菜和芡汁，上笼蒸透或回锅烧一下再吃。

食 材

胡萝卜100克，嫩牛肉50克，鸡蛋1个，葱姜汁、食盐、湿淀粉、植物油各少许。

胡萝卜蒸牛肉

妈咪巧手做：

1. 将胡萝卜去皮洗净，切成丝；嫩牛肉洗净，剁成细末。
2. 炒锅放入植物油烧热，倒入胡萝卜丝炒熟，盛出待凉后研磨成胡萝卜泥。
3. 把嫩牛肉末盛入蒸碗内，加入少许植物油、葱姜汁、食盐和鸡蛋调匀，再加入胡萝卜泥和湿淀粉搅拌均匀，放入烧开了水的蒸锅中蒸熟即可。

宝贝营养指南：

胡萝卜能提供丰富的胡萝卜素，在人体内可转化为维生素A，具有促进机体正常生长和维持上皮组织健康、防止呼吸道感染及保护眼睛等功能。在幼儿食物中适量添加胡萝卜，能增强其免疫力，保护多种脏器，增强食欲，促进消化。牛肉富含人体需要的氨基酸，消化吸收率高，对幼儿生长发育、补充营养十分有益。但幼儿消化能力还较弱，制作本款营养餐时一定要选嫩牛肉或小牛肉。

鲜纯番茄汁

食材

鲜番茄250克，白砂糖少许。

妈咪巧手做:

1. 将番茄洗净，用开水烫一下，去皮、切块。
2. 把番茄用消过毒的干净纱布包好，绞汁，加入白砂糖拌匀即可。

宝贝营养指南:

番茄甜酸适口，营养丰富，既可作为水果生食，又可烹调成鲜美的菜肴，堪称菜中之果。番茄含有大量的胡萝卜素以及各种维生素，具有抗坏血病、润肤、降压、助消化等功效。番茄中的维生素C能保持皮肤健康，对幼儿的生长发育也有很大的促进作用，还能清热解毒，健胃消食，增进食欲。

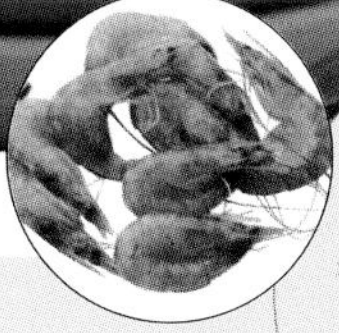

食材

鲜虾仁8个，嫩玉米粒60克，鸡肉泥50克，清高汤400毫升，鸡蛋1个，橄榄油10毫升，中筋面粉20克，食盐少许。

鲜虾玉米鸡肉浓汤

妈咪巧手做：

1. 将虾仁除去泥肠，洗净，切成小丁；鸡蛋磕出，打散搅匀。

2. 将橄榄油倒入锅中用小火加热，加入面粉拌炒至糊状，分次加入清高汤，边煮边搅拌均匀，放入玉米粒、鸡肉泥和虾仁丁煮熟，淋入鸡蛋液煮沸，调入食盐即成。

宝贝营养指南：

鸡肉、虾仁所含的优质蛋白质消化率高，可以防止幼儿营养不良。玉米的营养比稻米、小麦要高出很多，作为主食，玉米的营养价值和保健作用是最高的，常给幼儿吃，有良好的健脑和增强免疫力的作用。

食 材

冬瓜300克，猪瘦肉30克，高汤400毫升，食盐、香油、生粉少许。

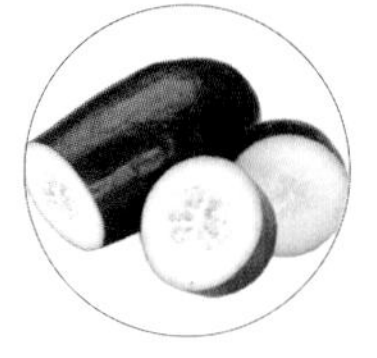

冬瓜煮碎肉

妈咪巧手做：

1. 将冬瓜洗净切薄片，入锅与高汤一起用小火焖煮至软烂。
2. 将猪瘦肉汆烫至变白色，捞起沥干，备用。
3. 于汤中加入盐、猪瘦肉拌匀。
4. 用生粉勾芡后洒上香油即可。

宝贝营养指南：

冬瓜性寒味甘，具有润肺生津、化痰止渴、利尿消肿、清热祛暑、解毒排脓的功效。冬瓜碎肉汤味道清甜，能消水化痰，适合1岁以上的幼儿食用。

食 材

粳米60克，洗净的新鲜鱼肉50克，姜末、葱花各5克，熟植物油、食盐、香油各少许。

鱼片粥

妈咪巧手做：

1. 将鱼肉仔细去净刺，切成小薄片，用熟植物油、姜末和少许食盐拌匀，待用；粳米淘洗干净，用约150毫升清水浸泡1小时。
2. 将粳米连水倒入砂锅中，再加入约350毫升水，用大火烧开，转小火煮粥。
3. 粥刚熟时倒入腌好的鱼片，煮沸，加入食盐、香油、葱花，搅匀起锅。

宝贝营养指南：

此粥对孩子脾胃虚弱、气血不足、体倦少食、食欲不振、消化不良等有一定的调理作用，健脑益智、健体强身的功效突出。制作本粥时，要选用细刺少、肉嫩、易消化的鱼，如鳕鱼、鳜鱼、黄鱼、鲈鱼、草鱼等。

食 材

青菜1棵，鸡蛋1个，里脊肉3片，面线1把，茯苓15克，食盐1小匙。

茯苓面线

妈咪巧手做：

1. 茯苓加3碗水，用大火煮开后，转小火慢熬约20分钟成汤汁。
2. 炒锅中加少许油，磕入鸡蛋煎成荷包蛋。
3. 将里脊肉切成小片，青菜洗净，切成小段与里脊肉片一起放入茯苓汤中略煮一下，煮沸后倒入面线中，摆上荷包蛋即可。

宝贝营养指南：

茯苓味甘、淡，性平，具有利水渗湿、益脾和胃、宁心安神之功用，还能增强机体免疫力。面线是采用优质的面粉加盐等辅料精制而成，质地柔软、落汤不糊，适宜锻炼宝宝的咀嚼能力。

食 材

土豆2个，火腿肠1根，胡萝卜半根，香油、豉油、调味汁适量。

豉油土豆泥

妈咪巧手做：

1. 将土豆削皮切丁，上锅蒸至软透。
2. 把胡萝卜、火腿肠切成小丁，备用。
3. 锅烧热，下少量香油，将胡萝卜丁放入，用大火煸炒，感觉胡萝卜热透时就盛出。
4. 将蒸熟的土豆丁和胡萝卜丁、火腿肠放入容器中，拌入调料汁和豉油，搅拌均匀即可。

宝贝营养指南：

土豆营养丰富，能和中养胃，健脾利湿。它含有大量淀粉以及蛋白质、B族维生素、维生素C等营养成分，能提高脾胃的消化功能。它还含有大量膳食纤维，能宽肠通便，帮助机体及时排泄代谢毒素，防止便秘，预防肠道疾病的发生。土豆泥搭配肉汁、肉丁、豉油等，味道更加鲜美，更开胃。

八珍豆腐煲

食材

嫩豆腐500克，鸡胸肉300克，虾仁30克，胡萝卜半根，鲜香菇5朵，青豆20克，玉米20克，枸杞子10克，姜、大葱、蒜、生抽、食盐、湿淀粉、香油、植物油各适量。

妈咪巧手做：

1. 将嫩豆腐洗净，切成小块；胡萝卜去皮后切片；香菇斜切成两半；鸡胸肉切片；姜切末，大葱切段，蒜拍碎备用。
2. 大火烧开煮锅中的水，分别把虾仁、青豆、玉米汆烫2分钟，捞出沥干水分备用。
3. 中火加热炒锅中的油至七成热，小心地滑入豆腐，将两面煎至金黄盛出。
4. 重新用中火加热炒锅中剩余的油至六成热，滑入鸡胸肉快速地用铲子划散，翻炒至肉片变色，盛出备用。
5. 炒锅中留底油，加热后投入大葱段、姜末、蒜煸炒出香味，放入煎过的豆腐、香菇片、胡萝卜片、青豆、玉米翻炒均匀，加入高汤后盖上盖子，大火煮开后继续焖煮15分钟。
6. 锅中加入鸡胸肉、虾仁，调入生抽、盐搅拌均匀，最后调入湿淀粉勾芡，出锅前淋上香油即可。

宝贝营养指南：

八珍豆腐煲就是用八种原料（包括豆腐）一起做成的菜，先把豆腐划成块，下锅煎成黄色，外焦里嫩，再把其他原料和煎好的豆腐一锅儿烩了。这八珍可选用不同的材料来做，是一道营养丰富、爽滑可口的菜，很鲜美、很开胃，适合宝宝。

穿衣香蕉

食材

香蕉600克，玉米粉60克，鸡蛋1个，植物油、白砂糖适量。

妈咪巧手做：

1. 将香蕉剥去皮，切成小块。
2. 把鸡蛋磕出打散，倒入玉米粉中，搅和成糊，备用。
3. 将香蕉块沾满玉米粉糊。
4. 把植物油倒入炒锅内，在大火上烧至七八成热，把裹好糊粉的香蕉一个一个地放入油中浸炸。炸到呈浅黄色后，捞出控净油。
5. 炒锅留点底油，放入白砂糖炒到呈黄色可以拔丝时，倒入香蕉块，快速颠翻均匀，盛入预先擦好一层油的盘中，码摆整齐即成。

宝贝营养指南：

香蕉含有能预防胃溃疡的化学物质，还有“快乐食品”之称，且对便秘有很好的疗效，是得胃病、便秘时最理想的食疗佳果。加入玉米粉、鸡蛋，营养更加丰富，还有少量甜味，宝宝爱吃。

食 材

红薯500克，白砂糖150克，清水100克，香油30克，花生油1000克。

拔丝红薯

妈咪巧手做：

1. 将红薯洗净去皮，切成滚刀块。
2. 锅内加花生油烧至90℃时，把红薯块放入油内炸至呈金黄色时捞出控油。
3. 将锅刷净，加清水、白砂糖，用慢火熬糖，从水大泡变成水小泡；从糖大泡变成糖小泡至浓稠变色时，倒入炸好的红薯，翻炒、颠锅，使糖液完全沾在红薯上，然后倒入抹过香油的盘内，上桌的时候要配一碗白开水，蘸着吃，才不粘牙。

宝贝营养指南：

红薯营养价值很高，有“益气力、健脾胃、强肾阴”的功效，使人“长寿少疾”。还能补中、和血、暖胃、肥五脏等。主治脾虚水肿、疮疡肿毒、肠燥便秘。拔丝红薯，薯块大小均匀、色泽金黄、牵丝不断、甜香适口，小孩特别爱吃。

食 材

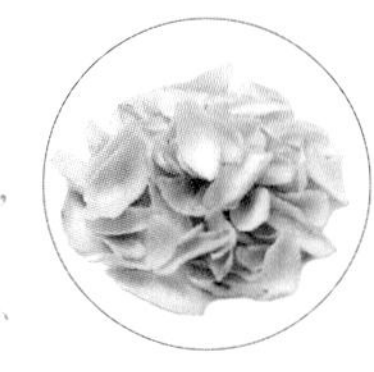

猪（瘦）肉250克，百合（干）25克，洋葱20克，鸡蛋1个，植物油、葱、姜、食盐、淀粉、味精、料酒、醋各少许。

百合肉丝

妈咪巧手做：

1. 将百合洗净，放入砂锅中，加少许水煮软备用。
2. 葱、姜、洋葱切片；用淀粉、味精、料酒、醋兑成白汁。
3. 猪肉切薄片，用食盐、料酒和蛋清、淀粉抓匀上浆。起锅放油烧热，放入肉片滑透，倒出控油。
4. 另起锅放底油烧热，放葱、姜、洋葱片后放入肉片、百合，倒入白汁翻炒均匀即成。

宝贝营养指南：

百合除含有淀粉、蛋白质、脂肪及钙、磷、铁、维生素B_1、维生素B_2、维生素C等营养素外，还含有一些特殊的营养成分，如秋水仙碱等多种生物碱。这些成分综合作用于人体，具有良好的营养滋补之功效。

食 材

干香菇 6 个，虾 100 克，肉末 100 克，火腿 80 克，1 个蛋的蛋清，荸荠 2 个，盐、湿淀粉、糖、葱末、姜末各适量。

五鲜酿香菇

妈咪巧手做：

1. 将虾剥壳取虾仁，挑去虾的泥肠；干香菇泡发，剪去根部；火腿、荸荠切细备用。
2. 将虾仁与肉末、火腿末、荸荠末混合，加盐、蛋清、料酒、糖、葱末、姜末拌匀。
3. 将肉馅填入香菇中，放在蒸锅里。
4. 用大火将蒸锅中的水烧开后，转中火蒸 7 分钟。
5. 倒出蒸盘里的汤汁，加湿淀粉勾芡，淋在菜上即可。

宝贝营养指南：

香菇，又称冬菇、香蕈等，素有“菇中之王”的美誉。香菇是一种高蛋白、低脂肪的保健食品，富含多糖、多种酶、多种氨基酸、多种维生素，加入五种营养丰富的食物，具有滋补强壮、消食化痰、清神降压、滑润皮肤的作用。

食 材

牛肉 50 克，咖喱块 10 克，面条适量，姜片、葱各少许。

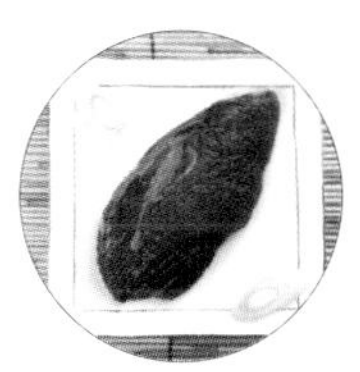

咖哩牛肉面

妈咪巧手做：

1. 准备牛肉一块，洗净切块，汆水后捞出。
2. 将汆好的牛肉放入汤锅中焖煮，加入姜片和葱。
3. 小火慢煮约 1 小时后捞出牛肉，切成小块。
4. 锅中放入咖喱块，不停地划开，然后将面条放入，适当放些盐。
5. 再把小块牛肉倒进去，煮熟后将牛肉连面带汤一块盛出即可食用。

宝贝营养指南：

牛肉富含蛋白质，氨基酸组成比猪肉更接近人体需要，能提高机体抗病能力，对生长发育特别有利。牛肉还可补脾胃、强筋骨、益气血，放入面条里一同煮，可增加营养，适合宝宝吃。

花菜豆腐汤

食材

花菜200克，豆腐2块，虾仁20克，食盐、香油各少许。

妈咪巧手做：

1. 将花菜、豆腐洗干净，切好备用；虾仁洗净，放入锅里用香油热炒一下。
2. 锅内放水，烧开后放入花菜。
3. 再放入豆腐、盐、香油，等水再度烧沸就可以了。

宝贝营养指南：

花菜又常被人们称为花椰菜、菜花，是一种营养丰富的蔬菜，富含维生素A、维生素B_1、维生素B_2、维生素C及蛋白质，故花菜对视力减弱及水肿有一定的改善作用，常吃花菜能爽喉、润肺、止咳，加上营养丰富的豆腐及虾仁，就成了一道简单却美味的菜。

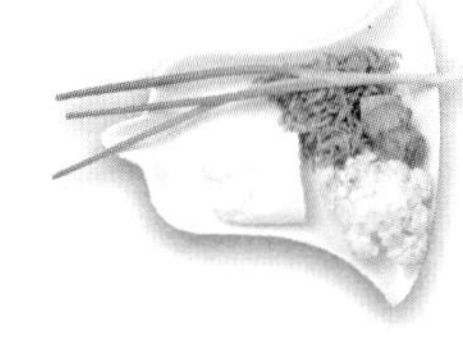

橙汁鱼球

食材

草鱼300克，脐橙1个，鸡蛋1个，玉米粉适量，姜、葱各少许。

妈咪巧手做：

1. 把鱼洗干净，除去鱼骨，剁碎成泥；鸡蛋打散备用；姜、葱洗净切碎。
2. 将鱼泥放入玉米粉中，再加入鸡蛋液、葱末、姜末拌匀，挤成小鱼球；锅中烧热油，用油将鱼球炸10分钟后捞出。
3. 把脐橙榨成汁，浇在鱼球上就可以了。

宝贝营养指南：

鱼肉含丰富的蛋白质，且容易被人体吸收，营养价值高，另外还含有维生素 B_{12} 和碘，是神经系统保健必需的营养素。浇上橙汁，能生津止渴、开胃下气，可助消化、防治便秘。 此菜味道鲜美、清香，略带果酸味，十分诱人。

食 材

大米300克，红豆50克，绿豆50克，黑豆50克，白豆50克，紫米30克，白芝麻20克。

多彩豆饭团

妈咪巧手做:

1. 将大米淘洗干净，放入电饭锅内备用。
2. 将红豆、绿豆、黑豆、白豆、白芝麻和紫米清洗之后，分别放在大米上面，一起蒸熟。
3. 将蒸熟的所有材料捏成一小团一小团装盘即可。

宝贝营养指南:

红豆有清心、养神、健脾的功效；绿豆清爽可口，含有多种维生素及钙、磷、铁等矿物质，营养丰富，具有消暑、利尿、增强机体免疫功能、清热、解毒、止渴以及润肤的功效；黑豆含有丰富的维生素E，花青素和B族维生素，具有活血、利水、祛风、补肾、滋养和健血、补虚乌发的功能；白豆含有优质蛋白质，适量的糖类及多种维生素。这些豆类和紫米一起将米饭做成五颜六色的饭团，吸引着宝宝的眼球，同时增加了营养，深受宝宝的喜爱。

食 材

粳米50克，虾仁80克，干香菇20克，香葱20克，食盐、香油、胡椒粉各适量。

香菇虾仁粥

妈咪巧手做:

1. 将粳米加适量水煮成粥；香菇泡软去蒂，切成块；香葱切成葱花。
2. 将虾仁、香菇放入开水锅中，稍烫后捞出。
3. 将粥倒入锅中煮开，加入虾仁、香菇、食盐、香油、胡椒粉熬熟，撒上葱花即可。

宝贝营养指南:

粳米能提高人体免疫功能，促进血液循环。粥的熟烂程度根据宝宝年龄大小而定，不用煮得太烂，那样锻炼不了宝宝的咀嚼能力。

宝贝的营养饮食

宝宝营养饮食指南

19 ~ 24 个月幼儿的饮食，从以乳类为主逐渐转到以粮食、蔬菜、肉类、蛋类为主。幼儿的食物种类和烹调方法也随着其消化功能的不断完善而逐步过渡到成人阶段。这时宝宝已经不再需要用奶瓶喝水，可以慢慢教他使用碗、勺和杯子，让他坚持自己动手吃饭。

父母为 19 ~ 24 个月的宝宝安排饮食，应选择营养丰富且容易消化吸收的食物，以满足其生长发育的需要。这个阶段的宝宝大多已经完全断奶，每天的膳食以饭为主，辅以两次加餐点心。如果幼儿的晚餐安排得早，在临睡前可以再喂一些点心，如牛奶加面包或全麦饼干。

父母为这个阶段的宝宝做饭仍然应做得软一点，菜也要切碎煮烂，不要给宝宝吃太多煎炸类的刺激性或不易消化的食物，平时吃鱼和带骨头的肉要注意净骨去刺。这个时候的幼儿对甜味特别敏感，如果一开始习惯喝糖水，就不会愿意喝白开水了，所以应该逐渐降低糖水的浓度。幼儿摄入太多甜食会有损牙齿，甚至会影响食欲，所以不要让其养成只喝糖水的习惯。另外，要为宝宝选用新鲜的食物，蔬菜瓜果要洗干净，给宝宝准备专用餐具，用完后要以开水煮沸消毒，不要用洗涤剂来清洗。

这个阶段的幼儿每天摄入食物的量应该因人而异，最好每天坚持喝 250 毫升牛奶，但如果宝宝不愿意的话也不要勉强，可以准备些蛋羹、豆浆、豆奶等食物来交替哺喂幼儿。一般情况下，19 ~ 24 个月的幼儿应保证每日摄入主食 100 ~ 150 克，蔬菜 150 ~ 250 克，豆类或豆制品 10 ~ 20 克，肉类约 25 克，鸡蛋 1 ~ 2 个，水果 50 ~ 150 克。

适当给宝宝吃些粗粮。因粗粮中含有大量的蛋白质、脂肪、铁、磷、镁、锌和膳食纤维、维生素等营养素，这些都是幼儿生长发育所必需的物质。可为幼儿做杂豆粥和玉米面粥，多变换花样来令其食欲大开。

宝宝膳食安排注意要点

19 ~ 24 个月的幼儿牙齿逐渐出齐，咀嚼和消化能力增强，可进食软烂的饭、瓜、菜等多种食物。这个时期应注意供给足够的糖分和蛋白质，奶和乳制品含蛋白质和钙较多，最好每天能摄入 500 ~ 600 毫升，既可以提供蛋白质，也有助于骨骼的正常发育。

家长在为孩子准备食物时，原料应新鲜，烹饪中要切碎煮烂，尽量少用油炸、煎炒等方法，少加刺激性调料。幼儿食用的饭菜宜温热，不能太烫或太冷。饭前和饭后不要让宝宝做剧烈活动。对宝宝的不规范进餐习惯不能放任，不可以边吃边玩，也不要用食物作奖励来刺激他吃饭。要多带宝宝参加户外运动，这样会使他吃得更好，也可以预防佝偻病。

宝宝饮食宜忌

宜：

※19 ~ 24 个月的幼儿比较好动，活动量也逐渐增加，会消耗大量热能。除了正餐之外，可以适当为幼儿提供零食，以更好地满足他新陈代谢的需求，使营养更平衡。但要注意正确地为幼儿提供零食，如时间要把握好，不要在餐前半小时至 1 小时内吃，最好安排在两餐中间。另外，幼儿吃零食要适度，不能影响到正餐。最好选择清淡、易消化、有营养、不损害牙齿的健康食品，适当地给予含糖零食，但不能太甜或太油腻，如牛奶、纯果汁、乳制品、水果、果脯、葡萄干、坚果等。这样，既能满足幼儿对零食的需求，又能补充热量，还可使身体得到其他营养素。

※ 这个阶段的幼儿，如果味觉、嗅觉及口腔触觉发育基本正常，可从日常食物中挑选出健康的食物。宝宝的食欲在此时期可能有所变化，只要不受到周围环境的特别影响，平时的饮食基本都能够达到平衡。

※19 ~ 24 个月幼儿的吞咽功能还不是太完善，尽量不要直接给孩子吃花生米、瓜子仁、腰果及有核的红枣，以免误吞咽入气管而出现意外。

※ 幼儿容易从肉类食品中摄取到铁质，因此，家长在为幼儿安排食谱时要注意肉类的重要性，平均每天给幼儿吃的肉类食物不得少于 15 ~ 30 克。

忌：

※ 尽量不要给宝宝提供市面上所售的各种饮料，那些饮料根本就不能代替白开水解渴，还可能添加了甜味剂、色素和香精，不但起不了解渴的作用，反而还会使宝宝有饱腹感而影响正常进食。平时给宝宝解渴最好选择白开水，也可在白开水中添加一些自己压榨的纯正果汁，这样对幼儿更有吸引力。

※ 不要一次性给幼儿提供过多的食物，即使宝宝很喜欢吃也不要一次吃得过多，否则会造成伤食，导致宝宝的消化吸收功能紊乱，这样就会加重胃、肠、肝、脾、胰等消化器官和大脑控制消化吸收的胃肠神经及食欲中枢的负担，造成幼儿大脑皮质的语言、记忆、思维等中枢神经智能活动处于抵制的状态。

每日食物构成推荐

每日给牛奶或豆浆 1 ~ 2 杯（250 ~ 500 毫升）。

每日主食应以谷类为主，可以给米粥、软面条、水饺、麦片粥、软米饭、玉米粥等其中一种 2 ~ 4 小碗（150 ~ 250 克）。每日添加优质高蛋白质食物 35 ~ 50 克，如鱼肉适量或肉丸子 3 ~ 5 个，也可以添加煮鸡蛋 1 个或者炖豆腐小半碗。

蔬菜是维生素、矿物质和膳食纤维的主要来源，主要应为胡萝卜、扁豆、番茄、花菜、土豆、毛豆等。可将蔬菜制成菜泥，切成小块或切碎后煮烂，每日小半碗（80 ~ 120 克），与主食同吃。

新鲜水果是维生素和矿物质的主要来源，每日供给 80 ~ 120 克。主要可选择香蕉（1 ~ 2 根）、苹果（1 个）、橘子（1 个）、西瓜（2 瓣）、草莓（4 ~ 8 颗）、桃（1 个）等，制成果泥、果酱或果汁，也可切成小块。水果种子和核仁不可食用。

此时期的幼儿需每日 3 顿正餐，2 顿点心餐。可提供小点心，如含糖量低的饼干、蛋糕、松糕和水果等。一次给予的量不能太多，有需要时再另外添加，主要是为了增加热能的摄入量。每周添加 1 ~ 2 次动物肝和血（35 ~ 60 克），可以补充铁、维生素 A、维生素 B_2 等营养素。

宝宝每日配餐食谱举例

餐 时	食 谱
早餐 07：30	大米绿豆粥 50 克，肉包子 1 个，牛奶 150 毫升
加餐 10：00	豆浆 50 毫升，面包 30 克
午餐 12：00	米饭 1 碗，肉丸 100 克，胡萝卜汤 1 碗
加餐 15：00	苹果 100 克，松糕 30 克
晚餐 18：00	米粥 1 碗，果菜沙拉 50 克
晚点 20：30	牛奶 200 毫升

奶香草莓布丁

食材

草莓10～15颗，鲜奶100毫升，胶冻粉10克，白砂糖20克。

妈咪巧手做：

1. 将草莓洗净后用开水烫一下，一半放进果汁机内打成泥，另一半切成小丁。

2. 将鲜奶和等量水倒入汤锅煮沸，加入胶冻粉和白砂糖拌匀，熄火，再加入草莓泥和草莓丁，搅拌成稀糊状。

3. 将拌好的草莓奶糊倒进布丁容器中，待凉后放进冰箱冷藏30分钟，等凝固成果冻状，切成小块即可。

宝贝营养指南：

草莓具有润肺生津、清热凉血、健脾开胃等功效。此布丁含有果胶和丰富的膳食纤维，营养全面，可助消化、滋养调理身体，作为点心很适宜。还可以根据时令换成宝宝喜欢的不同的水果。

四鲜牛肉羹

食材

嫩牛肉50克，生菜50克，豆腐50克，火腿20克，午餐肉30克，鸡蛋1个，葱末、酱油、湿淀粉、高汤、食盐、香油各适量。

妈咪巧手做：

1. 将嫩牛肉洗净，切成粒；生菜、豆腐均洗净，与火腿、午餐肉一起都切成丁，把豆腐丁、火腿丁氽水后沥干。

2. 炒锅置火上，加入高汤，放入嫩牛肉粒、火腿丁、午餐肉丁，烧沸后去尽浮沫。

3. 加入豆腐丁、食盐、酱油稍煮，再下入生菜丁和鸡蛋清拌匀，用湿淀粉勾芡，淋上香油，撒上葱末即可。

宝贝营养指南：

牛肉中的肌氨酸含量高，它对增长肌肉、增强力量特别有效，还可以提高人的智力，同时含有丰富的蛋白质及锌、镁、铁等微量元素，可增强人体免疫力，对身体瘦弱、贫血有很好的调理作用。牛肉中维生素 D 含量丰富，能促进人体对钙与磷的吸收，强化骨骼及牙齿，可预防佝偻病，适当食用有助于营养的平衡和生长发育。牛肉与生菜、豆腐等搭配，高蛋白、低脂肪、多维生素，还具有清肝利胆、滋阴补肾、减肥健美的作用。

食 材

香蕉2根，巧克力60克，牛奶30毫升。

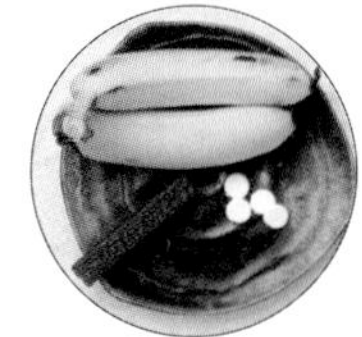

巧克力香蕉

妈咪巧手做：

1. 将巧克力和牛奶放入小锅中，用小火加热，调成巧克力浓浆。

2. 香蕉去皮切成小段，先用开水烫一下，再用竹签串上，趁热淋上或裹上巧克力浓浆即可。

宝贝营养指南：

这款加入巧克力、牛奶的香蕉，既增加了维生素、矿物质含量，又可满足孩子对甜食的需求，可作为点心适当食用，但不宜过量，因为巧克力虽然美味，但是吃得太多对宝宝的心血管和牙齿的健康都有不利影响，还可能引起幼儿对甜食的偏好。制作中也可用隔水蒸炖的方式把巧克力和牛奶制成浓浆。

食 材

菠萝果肉200克，红樱桃30克，冰糖30克，藕粉20克，食盐少许。

樱桃菠萝藕粉羹

妈咪巧手做：

1. 将菠萝果肉切成丁，用加了食盐的温开水泡一会儿，再用清水洗净；樱桃择去柄，洗净；藕粉用少许水稀释，调匀待用。

2. 将菠萝丁放入锅内，加入冰糖和适量清水，置火上烧开，放入樱桃，待再烧开后用小火煨2~3分钟，倒入调好的藕粉，边倒边搅匀，开锅后离火即成。

宝贝营养指南：

菠萝含有几乎所有人体所需的维生素，还有丰富的矿物质，能促进消化吸收，有防肥胖、减肥的功效，还有利于改善局部的血液循环，消除炎症和水肿。藕粉有清热凉血、通便止泻、健脾开胃、增进食欲、促进消化的功效，其富含的铁、钙可补益气血，增强人体免疫力。老幼和体弱者尤为适宜食用。樱桃的含铁量高，能有效防治缺铁性贫血，促进大脑发育，增强体质。

食 材

鸡肉400克，豆腐1块，胡萝卜半根，荸荠2个，青菜200克，食用油、精盐、生粉、生抽、蚝油、鸡精各适量。

豆腐鸡肉丸子

妈咪巧手做：

1. 先将胡萝卜切成片，荸荠切成碎粒，再将鸡胸肉剁成肉泥，加入荸荠碎、豆腐、生粉，再加入盐、鸡精、生抽、蚝油调味，用勺子团成丸子。

2. 锅里加入油，把鸡肉丸子放入油中稍炸一下，另取一锅，加水烧开后，放入丸子煮熟。

3. 把青菜下锅煮熟后加入丸子翻炒片刻即可盛盘出锅。

宝贝营养指南：

豆腐及鸡肉富含蛋白质，配合蔬菜一起食用，相当符合营养原则，可补中益气、清热润燥、生津止渴、清洁肠胃，特别适合热性体质、口气不清新、肠胃不调者食用。

食 材

黑米100克，大米50克，椰子汁150毫升，冰糖60克，食盐少许。

椰汁冰糖双米粥

妈咪巧手做：

1. 将黑米和大米淘洗干净，用清水浸泡一夜；椰子汁中加少许食盐调匀。

2. 锅内加入约1000毫升清水烧开，倒入黑米和大米煮沸，用小火煮粥至发黏。

3. 继续煮粥至米烂粥黏，加入椰子汁、冰糖再煮片刻即可。

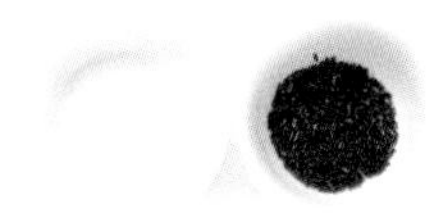

宝贝营养指南：

黑米又称补血米，有很好的营养价值，有滋阴补肾、健脾暖肝、明目活血、开胃益中的功效。加入营养突出、可补血健脑的大米同熬粥，对体质虚弱、贫血有很好的补养、改善作用，还有助于调节幼儿的精神状态。

枸杞山药鸡粒粥

食材

大米60克，山药100克，去骨鸡腿1只，鸡汤500毫升，枸杞子5克，食盐少许。

妈咪巧手做：

1. 将大米洗净后沥干水分；山药去皮洗净，切成小丁；鸡腿肉切成碎丁，放入沸水中汆至变白后捞起。

2. 将大米、山药丁、鸡腿肉丁、鸡汤同入锅中，用大火煮开，加入枸杞子，转小火续煮至粥熟料软，调入食盐，再煮沸片刻即成。

宝贝营养指南：

鸡腿肉中含有较多的铁质和骨胶原蛋白，可改善缺铁性贫血，强化血管、肌肉功能；山药所含的黏蛋白对改善幼儿食欲不振有良好的作用；枸杞子有助于增强身体免疫力，能滋肝明目，润肺补虚。

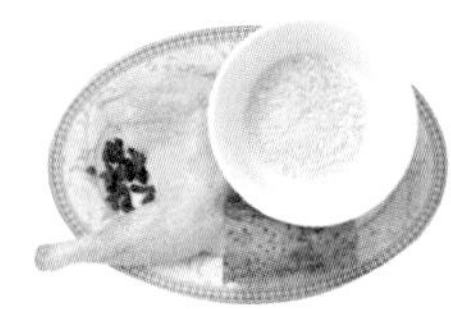

食 材

软米饭 150 克，西蓝花 50 克，洋葱粒 30 克，鲑鱼肉 100 克，牛奶、高汤、植物油各适量，食盐少许。

鲑鱼蔬菜炖饭

妈咪巧手做：

1. 将西蓝花泡洗干净，切成小朵；鲑鱼肉洗净，切碎备用。

2. 将放了植物油的锅加热，爆香洋葱粒，放入切碎的鲑鱼稍微拌炒一下，加入牛奶和高汤，再放入切好的西蓝花，用中小火炖煮至将熟，调入食盐，加入软米饭继续炖，至米饭入味、汤汁收浓即可。

宝贝营养指南：

鲑鱼和牛奶都含有丰富的钙、磷及维生素 B_2，这些营养素对幼儿骨骼和牙齿的健康非常重要。本营养餐适合 19 ~ 24 个月的宝宝食用，如果是给 18 个月前的宝宝食用，西蓝花应切得小一点，并多煮一会儿，或者先切碎再煮，以利于更好地咀嚼和消化。鱼肉是宝宝生长发育不可缺少的营养食物，妈妈们应选用刺少的鱼（如鲑鱼、鳕鱼、草鱼、黄鱼、胖头鱼等），取净鱼肉切碎后再烹调，慢慢让孩子适应并喜欢上吃鱼。

食 材

猪肝50克，胡萝卜100克，大米60克，熟花生油、食盐、葱花各少许。

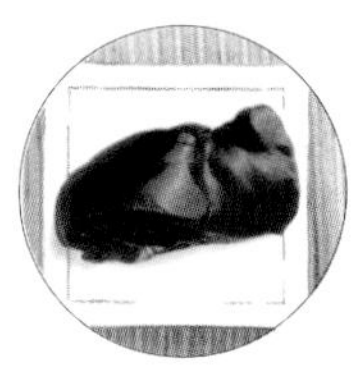

胡萝卜鲜肝粥

妈咪巧手做：

1. 将猪肝仔细冲洗后用清水浸泡30分钟，再次洗净，切成小片；胡萝卜去皮洗净，切碎。

2. 大米淘洗干净，入锅加适量水，用大火煮开，转小火煮粥，粥刚熟时，放入熟花生油，随即下入切好的猪肝与胡萝卜续煮15分钟，用食盐调味，撒上葱花搅匀即可。

宝贝营养指南：

猪肝富含铁、锌及维生素A，这对小儿病后及身体虚弱有较好的营养补充作用。此粥可补肝养血，有助于预防贫血和食欲减退，可保护视力健康。

食 材

猪肉300克，白菜300克，香菇、胡萝卜各少许，香油、食盐、淀粉、生抽、葱末、姜末各适量。

扒如意白菜卷

妈咪巧手做：

1. 将猪肉洗净切末；香菇用开水烫一下后沥干水分切末；胡萝卜切碎备用。

2. 白菜取叶，洗净后用开水冲一下，这样稍微软一些好卷。

3. 将肉末、香菇末、胡萝卜碎混合后加盐、淀粉、香油、生抽、葱姜末拌匀做成肉馅。

4. 将白菜叶铺平，放上肉馅儿，卷好后放在锅里用油稍煎一下，放入锅蒸熟即可。

宝贝营养指南：

猪肉可补肾、滋阴、益气。白菜能利水、清热解毒。香菇有补虚、健脾、化痰之效。这道菜色泽乳白，味鲜美，宜给宝宝冬季食用。

食 材

米饭 150 克，熟的黑芝麻、白芝麻各 10 克，海苔 5 克，黄豆粉 5 克，肉松、蛋松、鱼松各适量。

七宝饭团

妈咪巧手做：

1. 将热米饭分成 7 等份，分别用保鲜膜包起，搓成球状；海苔撕碎。

2. 在 7 个小碗内分别放入黑芝麻、白芝麻、海苔碎、肉松、蛋松、鱼松、黄豆粉，再将圆球状的白饭团去掉保鲜膜，分别放入碗内翻滚，使饭团均匀地裹上各种材料即可。

宝贝营养指南：

大米是人体摄取 B 族维生素的主要食物来源之一，是补充营养素的基础食物。搭配富含钙、铁、磷等矿物质的海苔、芝麻和各种食材，可补脑健脑，预防贫血，促进骨骼、牙齿健康，可作为宝宝的主食品种。给幼儿的食物应丰富多样，其中粮食类是重中之重，主食可常吃米粥、软饭、麦糊、挂面、包子、馄饨、水饺、小馒头等。

食 材

猪肉末 200 克，糯米 50 克，浓鸡汤 30 毫升，葱末、姜末、食盐、淀粉、香油各少许。

清蒸珍珠糯米丸

妈咪巧手做：

1. 将糯米淘洗干净，用温水浸泡 2 小时备用；猪肉末中加入食盐、葱末、姜末、淀粉和浓鸡汤，朝一个方向搅拌均匀，挤成若干个小丸子。

2. 把每个小丸子表面都均匀地裹上一层糯米，装盘。

3. 淋上香油，放入蒸锅中蒸熟即成。

宝贝营养指南：

糯米可补中益气、健脾养胃，对食欲不佳、腹胀腹泻有一定缓解作用。用糯米裹小肉丸子成菜，可大大增进幼儿食欲，均衡补充营养。还可选用白菜叶、生菜叶或其他绿色叶菜垫底，或把菜叶切细裹在丸子上再裹糯米，这样可增加此菜的维生素含量。

五彩煮肉丸

食材

猪五花肉200克，白菜叶50克，红圆椒丁、洋葱丁各20克，胡萝卜丁、香菇丁各30克，鸡蛋1个，番茄酱20克，淀粉、色拉油、酱油、食盐、香油各少许，高汤适量。

妈咪巧手做：

1. 将猪五花肉剁成细末；白菜叶剁成细末；洋葱丁、胡萝卜丁、红圆椒丁、香菇丁焯一下水后沥干。

2. 将猪五花肉末和白菜叶末混合，加入鸡蛋液、番茄酱、淀粉、食盐、香油拌匀，做成几个肉丸，下入高汤锅中煮透。

3. 炒锅内倒入色拉油烧热，炒香洋葱丁、胡萝卜丁、红圆椒丁、香菇丁，加入适量高汤煮开，调入酱油、食盐，再下入肉丸稍煮即可。

宝贝营养指南：

以5种蔬菜和肉搭配，做成肉丸子，营养丰富，荤素适宜，有助于幼儿全面补充营养，提高抗病能力。制作时也可以把各种蔬菜剁细后全部加入肉馅中做成肉丸，同时可根据宝宝的口味灵活掌握，还可以用其他时令蔬菜。

鸡蛋蒸肉饼

食材

猪肋条肉50克，胡萝卜（去皮）15克，干木耳3克，鸡蛋1个，淀粉、酱油、葱末、姜末、食盐、鸡精、香油各少许。

妈咪巧手做：

1. 将胡萝卜剁成蓉；干木耳泡发后洗净，剁成蓉；鸡蛋打散后搅匀。
2. 将猪肋条肉剁成泥，放碗内，加入胡萝卜蓉、葱末、姜末、鸡精、食盐、酱油、香油、淀粉和少许清水拌匀，调制成馅，取1/3馅料放入木耳蓉中拌匀。
3. 在蒸盘内涂抹一层香油，把木耳肉馅放在盘中央，外围摊匀剩余的肉馅，把搅匀的鸡蛋呈花瓣状淋在四周，放入蒸锅蒸熟即成。

宝贝营养指南：

此品以多种适宜幼儿的食物巧妙搭配，可增强免疫力，健脑益智、益肝明目、补血壮骨，能防治缺铁性贫血和呼吸道感染，促进幼儿身体发育和智能发展。

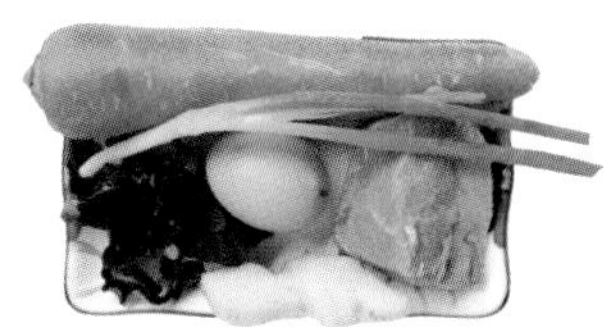

食 材

鸡胸肉 250 克，水发木耳 30 克，鸡蛋 1 个，饺子皮 300 克，食盐、葱末、姜末、花生油、香油各少许。

木耳鸡肉饺

妈咪巧手做：

1. 将鸡胸肉剁成末；水发木耳洗净后剁碎。
2. 在鸡肉末中加入葱末、姜末、食盐、花生油、香油和剁碎的木耳，搅拌均匀，制成馅料。
3. 在饺子皮中放入馅料，包成饺子，下入开水锅中煮熟即可。

宝贝营养指南：

鸡胸肉中含有较多蛋白质、B 族维生素和对生长发育有重要作用的磷脂类，消化率高，有增强体力的作用，对营养不良、乏力疲劳、贫血虚弱等症状有很好的改善作用。木耳含铁量很高，比动物性食品中含铁量最高的猪肝高出约 7 倍，是天然补血佳品，其含有的磷脂成分能营养脑细胞和神经细胞，给幼儿适当吃点木耳，可滋补养血，补脑健脑，令肌肤红润、精神焕发，有益于健康发育。

食 材

黄鳝 100 克，小白菜 50 克，面条 50 克，姜片、葱花、食盐、花生油各少许。

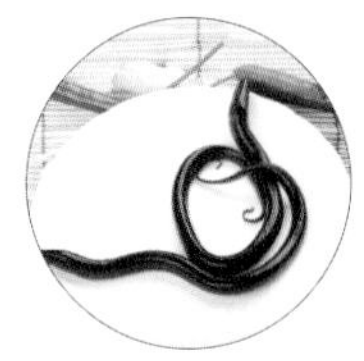

鲜煮黄鳝面

妈咪巧手做：

1. 将黄鳝杀洗干净，斩成小段。
2. 锅中放入花生油加热，再放入姜片、葱花、黄鳝段，煸炒出香味，加适量清水煮 15 分钟。
3. 取煮好的黄鳝汤煮沸，放入面条煮熟，再放入小白菜、黄鳝段，调入食盐稍煮，盛入碗内即可。

宝贝营养指南：

黄鳝含有丰富的 DHA（二十二碳六烯酸，俗称“脑黄金”）和卵磷脂，这两种物质是构成人体各器官组织细胞膜的主要成分，更是脑细胞不可缺少的营养。经常摄取卵磷脂，记忆力可以提高 20%，故食用黄鳝肉有补脑健身的功效。另外，黄鳝含维生素 A 十分丰富，可以防治夜盲症和视力减退，促进皮肤的新陈代谢。面条的主要营养成分是蛋白质、脂肪、糖类等，易于消化吸收，有增强免疫力、平衡营养吸收的功效。

食 材

豆腐 300 克，鲜虾 100 克，黄瓜丁 50 克，香菇丁 30 克，食盐、鸡汁、香油、花生油各适量。

三鲜豆腐泥

妈咪巧手做：

1. 将鲜虾背部切开，除去泥肠，去壳，剥出虾仁洗净，再剁成泥状，加食盐、鸡汁、香油搅拌至起胶。
2. 将豆腐洗净，用消过毒的纱布包裹，压成泥状。
3. 将豆腐泥与虾泥混合拌匀，再加入香菇丁和少许食盐拌匀，放入抹了花生油的蒸盘中，再放入蒸锅中蒸熟，然后加入黄瓜丁拌匀，淋上少许烧热的花生油即可。

宝贝营养指南：

豆腐和虾肉都是良好的钙的食物来源，而虾和香菇还富含能促进钙吸收的维生素 D。几种营养全面的食物组合，有益于幼儿补钙壮骨，维护身体健康。

食 材

净鱼肉 150 克，鸡蛋 2 个，胡萝卜丝 60 克，青豆 10 克，葱丝 10 克，料酒、食盐、姜末、湿淀粉、高汤、香油、植物油各少许。

鱼肉蛋卷

妈咪巧手做：

1. 将净鱼肉切成细条；青豆用开水焯透；鸡蛋磕入碗内拌匀，用少许烧热的植物油摊成 2 张薄蛋皮。
2. 鱼肉条用沸水汆一下，加入姜末、食盐、料酒、香油拌匀。
3. 取鸡蛋皮铺平，各放上一半鱼肉条、胡萝卜丝和葱丝、青豆，卷成卷，摆入蒸盘，用大火蒸 10 分钟，切成段，再淋上少许用湿淀粉勾芡并烧开的高汤即可。

宝贝营养指南：

蛋皮软滑，鱼肉松嫩鲜香，很适宜幼儿食用。这道菜宜用黄鱼、鳜鱼、鲈鱼等鱼肉来做，还可用鲜嫩的猪瘦肉或鸡胸脯肉来做，配菜亦可灵活掌握。

鸡汁豆腐饺

食材

豆腐300克，虾仁100克，猪肉50克，食盐、姜末、湿淀粉、鸡汤、花生油各适量。

妈咪巧手做：

1. 将虾仁和猪肉一起剁成泥，加少许湿淀粉、食盐、姜末、花生油，搅拌均匀，用手捏成12个丸子；将豆腐洗净，切成24片三角片。

2. 将12片豆腐放在盘内，每片豆腐上放1个丸子，然后，将剩下的12片豆腐分别盖在每个丸子上面，用手压紧。

3. 将做好的豆腐饺上屉蒸熟，取出待用。

4. 锅内放入鸡汤烧开，加少许食盐，用湿淀粉勾芡烧成浓汁，起锅淋在豆腐饺上即成。

宝贝营养指南：

豆腐含丰富的大豆卵磷脂，大豆植物蛋白特别有益于幼儿神经、血管、大脑的发育生长，其所含的营养对身体调养、保持肌肤细腻也很有好处。虾仁营养极为丰富，尤其是富含优质蛋白质和矿物质成分，肉质松软，易消化，对身体虚弱有很好的调养作用。猪肉可提供血红素铁，能改善缺铁性贫血。

清蒸虾肉蛋卷

食材

虾仁200克，猪肉末50克，鸡蛋2个，蛋清1个，湿淀粉、葱末、姜末、食盐、香油、色拉油各适量。

妈咪巧手做：

1. 将虾仁剁碎，加入猪肉末、鸡蛋清、葱末、姜末、食盐和香油拌成馅。

2. 将2个鸡蛋打散，加入湿淀粉拌匀，用少许色拉油烧热摊成2张蛋皮，铺平，均匀地放上调好的虾馅，卷成蛋卷。

3. 在蒸盘里抹匀色拉油，放上虾肉蛋卷，再放入蒸锅以大火蒸熟，起锅切成小段即可。

宝贝营养指南：

此菜既有营养又美味，可作点心或配菜。幼儿期的宝宝吃饭不好十分常见，多变换一些做法和花样来做食物，对打开小家伙的胃口很有帮助。猪肉末宜用猪里脊肉或七八成瘦的五花肉来剁制。

食 材

鳕鱼肉 2 片（约 150 克），菠菜 50 克，酱油、白砂糖、蒜泥、奶油、湿淀粉、植物油各少许。

奶香煎鳕鱼

妈咪巧手做：

1. 将菠菜择洗净后切小段，焯水后再放入沸水中烫熟，捞起，加入蒜泥、酱油拌匀，铺于盘中。
2. 平底锅放入植物油、奶油，加热至奶油融化，放入鳕鱼肉片煎至两面微黄，加白砂糖、酱油和少许水煮至入味，用湿淀粉勾芡，盛入菠菜垫底的盘中即可。

宝贝营养指南：

鳕鱼含有人体必需的各种氨基酸，其比值和幼儿的需要非常相近，易被人体吸收，还含有不饱和脂肪酸和钙、磷、铁、B 族维生素等营养素，对幼儿的健康发育十分有益。而菠菜所含的叶酸能改善幼儿躁动不安及睡眠不佳，促进红细胞生成。

食 材

胡萝卜 2 根，淀粉 50 克，鸡蛋 2 个，瘦肉末 30 克，花生油适量，食盐少许。

脆炸胡萝卜

妈咪巧手做：

1. 将胡萝卜去掉尾和头，削皮后洗净，切成细条，焯水备用；鸡蛋打散，加入淀粉、肉末、食盐拌匀。
2. 将胡萝卜条倒入调好的蛋糊中拌匀。
3. 锅内放入花生油烧至五成热，将裹匀鸡蛋糊的胡萝卜条放入锅内，不断用筷子翻转，待炸至金黄熟透时出锅装盘。

宝贝营养指南：

胡萝卜素和维生素 A 都是脂溶性的，所以胡萝卜用油炒或和肉类一起炖煮后再吃，营养才易于被吸收。吃胡萝卜对保护眼睛健康及促进牙齿和骨骼上的胶原合成很有益。此菜一定会引起宝宝的进食欲望，但应注意控制好他油炸食物的摄入量，不宜吃得太多。

食 材

鲜虾仁130克，蟹肉30克，豌豆仁30克，豌豆苗适量，牛奶100毫升，清高汤300毫升，淀粉10克，白胡椒粉、食盐各少许。

海鲜丸子牛奶汤

妈咪巧手做：

1. 将豌豆仁煮熟捞出，捣成泥状；虾仁去肠泥，洗净后切碎，加入蟹肉、豌豆泥混合，调入白胡椒粉、食盐、淀粉，顺一个方向搅拌均匀。
2. 把牛奶和清高汤倒入锅中煮沸，将虾泥馅捏成小丸子下入锅中煮熟，再加入豌豆苗煮沸即可。

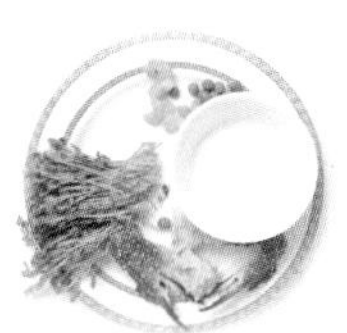

宝贝营养指南：

虾仁、蟹肉、豌豆、牛奶都富含蛋白质和钙、锌 、磷等多种矿物质及维生素A、维生素D等多类维生素，可补益身体，促进睡眠，保护神经系统健康，丰富的维生素D更能保证钙的良好吸收。汤汁中还可以加少许白味噌，会更为鲜美。

食 材

草鱼(或青鱼)片200克，甜椒200克，葱、姜各15克，干百合30克，盐、料酒、胡椒粉、淀粉、香油各适量。

百合炒鱼片

妈咪巧手做：

1. 将干百合在水中浸泡约2小时，再沥干水分备用。
2. 将鱼肉切片，先用少许盐、胡椒粉、料酒腌10分钟，再拌入淀粉，放入开水中汆烫一下。
3. 将葱、姜切末，甜椒切片，锅内倒入2大匙色拉油，先将葱、姜爆香，再加入1/3杯水煮开，最后加入百合、甜椒及鱼片用大火炒2分钟，起锅前放入盐、香油调味，拌炒均匀即可。

宝贝营养指南：

百合营养价值高，含有丰富的糖类、蛋白质和矿物质等营养成分，还含有人体所需的8种氨基酸和多种维生素。百合味甘、性平，味道甜美可口，既是餐桌佳肴，又是健身良药，有润肺、祛痰、止咳、健胃、安心定神、促进血液循环、清热利尿等功效。草鱼有温胃和平肝祛风等功能，所以此菜能宁心安神，既养身又养神。

蛋包乳鸽

食材

鸽肉300克，鸡蛋2个，香菇（鲜）和笋各15克，火腿10克，菠菜150克，小麦面粉10克，盐、酱油、料酒、肉汤、葱、湿淀粉、油各适量。

妈咪巧手做：

1. 将鸽肉洗净，切成小丁；香菇洗净，切成丁；火腿和笋也切丁；葱去根须，洗净切成丁；菠菜择洗干净，待用。
2. 炒锅置中火上烧热，加油，烧至六成热时，将鸽肉丁下锅过油片刻，倒入漏勺沥油。
3. 原锅留油少许，置火上，放入姜末略爆一下，下笋丁、香菇丁煸炒片刻，随即加少许肉汤、酱油，倒入鸽肉丁、火腿和葱白丁，用湿淀粉勾芡，起锅盛入碗内待用。
4. 将鸡蛋打成蛋液，加入小麦面粉拌匀，放盐少许，煎成16张蛋皮；将鸽肉丁均匀地分别放在16张蛋皮上，逐个包成枕头形，上笼用中火蒸5分钟取出。
5. 炒锅内加入油少许，放进菠菜煸炒，盛出后放在蛋包鸽肉丁的两侧。
6. 锅内再放肉汤适量，烧沸后调味，用湿淀粉勾稀芡，浇在蛋包鸽肉丁的上面即成。

宝贝营养指南：

鸡蛋含有丰富的蛋白质、脂肪、维生素和铁、钙、钾等人体所需要的矿物质，富含DHA（俗称“脑黄金”）和卵磷脂、卵黄素，对神经系统和身体发育有利，能健脑益智。鸽肉所含的钙、铁、铜等元素及维生素A、B族维生素、维生素E等都比鸡、鱼、牛、羊肉含量高。鸽肉能壮体补肾、健脑补神、提高记忆力，是孕妇及儿童、病人的理想营养食品。

食 材

鲜奶150克，干贝50克，鸡蛋清100克，植物油、大葱、姜、盐、白砂糖、湿淀粉、猪油、味精、香油各适量。

蛋清鲜奶干贝

妈咪巧手做：

1. 将大葱洗净打成结状，姜洗净切片，将干贝剥去老筋后洗净。
2. 加水将干贝和葱姜浸没，上笼蒸酥，除去葱姜。
3. 把蛋清、鲜奶、盐、湿淀粉放入碗内，轻轻搅匀成蛋奶液。
4. 将锅洗净烧热，放油，烧至烫手，即可把蛋奶液轻轻倒入锅中，并用菜勺轻轻推动，待靠近锅底受热成片的蛋奶逐渐浮起后，就倒出沥油。
5. 原锅内留少许油，下葱姜，煸出香味，加入蒸干贝的原汁，再捞除葱姜；加盐、白糖、味精及蒸好的干贝，烧沸后，再放蛋奶片，用湿淀粉勾芡，淋上香油上光即可。

宝贝营养指南：

此菜的蛋奶滑嫩，色泽淡雅清爽，滋味鲜咸宜人，气味香浓；干贝富含蛋白质、糖类、维生素B_2和钙、磷、铁等多种营养成分，蛋白质含量为鸡肉、牛肉、鲜对虾的3倍，矿物质的含量远在鱼翅、燕窝之上，且含丰富的谷氨酸钠，味道极鲜，很容易勾起幼儿的食欲。

食 材

青豆 150 克，豆苗 150 克，虾仁 250 克，姜、葱、盐、油各适量。

碧绿虾仁

妈咪巧手做：

1. 将虾仁洗净后加入盐、葱、姜，调匀后腌制 15 分钟。

2. 将豆苗和青豆洗净。

3. 把虾仁、青豆、豆苗装盘后加入油、盐搅拌均匀后加盖，用微波炉高火加热 4 分钟即成。

宝贝营养指南：

虾味甘、咸，性温，营养丰富，是典型的高蛋白、低脂肪的营养食品。此菜色泽明亮，味道鲜美，非常适合儿童食用。

食 材

河粉 300 克，叉烧 100 克，食盐、生抽、香油各适量。

叉烧河粉

妈咪巧手做：

1. 先将叉烧切成小片。

2. 热锅下油，下叉烧炒 1 分钟，再把河粉铺开，把叉烧铺在河粉上面，放一点点盐，卷好。

3. 把卷好的河粉放入蒸锅里蒸 5 分钟，淋点生抽、香油即可。

宝贝营养指南：

猪里脊肉含有人体生长发育所需的优质蛋白质、脂肪、维生素等，而且肉质较嫩，易消化。叉烧河粉香甜美味，有助于防治各种皮肤炎症。

食 材

胡萝卜1个，绿豆芽100克，韭黄100克，香菇4朵，姜、蒜、食盐、生抽、香油各适量。

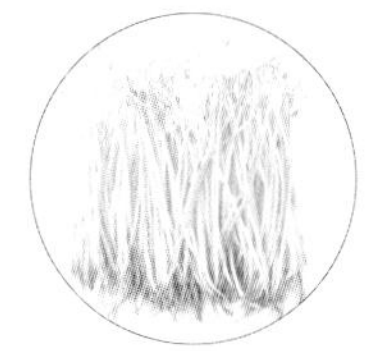

炒素膳

妈咪巧手做：

1. 把香菇浸泡好，切成小片。
2. 把胡萝卜切成丝，把绿豆芽、韭黄切成小段，把姜和蒜切碎。
3. 热锅下油，把胡萝卜、绿豆芽、韭黄放入锅中炒软，再把香菇下锅，一起炒熟起锅。

宝贝营养指南：

绿豆芽，即绿豆的芽，绿豆在发芽的过程中，维生素C会增加很多，而且部分蛋白质也会分解为各种人体所需的氨基酸。胡萝卜含有大量胡萝卜素，进入机体后，在肝脏及小肠黏膜内经过酶的作用，其中50%会变成维生素A，有补肝明目的作用，可治疗夜盲症。胡萝卜、绿豆芽炒香菇，色彩好看，香菇香香的味道进入豆芽中，也很好吃。

食 材

冬瓜300克，鸡蛋1个，虾皮、香菜末、花生油、食盐、大葱、姜丝各适量。

冬瓜鸡蛋汤

妈咪巧手做：

1. 冬瓜去瓤洗净，切成瓦棱形的片。
2. 把鸡蛋打入碗内，加入虾皮并搅拌均匀。
3. 炒锅置火上，放入花生油烧热，下入鸡蛋，煎好成块，盛出备用。
4. 另起一锅，加适量水，放入冬瓜片煮5分钟，再放入鸡蛋块，然后放大葱、姜丝。
5. 加入盐，盛在汤碗内，撒上香菜末即成。

宝贝营养指南：

冬瓜含维生素C较多，且钾盐含量高，钠盐含量较低，有高血压、肾病、水肿等病症的患者食之，可达到消肿而不伤正气的作用。冬瓜汤口味清新、价廉物美、简单易做，加上鸡蛋，富有营养，清爽适口，能消暑解腻、利水消痰。

食材

鸡蛋1个，鲜虾仁、猪肉末、馄饨皮、姜、生抽、香油、食盐、白砂糖、花生酱、陈醋各适量。

虾仁馄饨

妈咪巧手做：

1. 将猪肉末加生抽、鸡蛋打成肉末蛋液，姜切末放在里面，顺一个方向搅拌，腌制一会。
2. 虾仁加盐和姜末腌一会。
3. 在馄饨皮的中央放适量肉末和虾仁，对折包好。如果馄饨皮粘不住，沾点水再捏合。
4. 烧开水，下馄饨。煮熟后捞出沥干水分倒入香油拌匀（或者过凉开水也可以），倒香油可以防止馄饨皮黏在一块儿。调酱料：用香油或者热水调开花生酱，加陈醋和白砂糖，淋在馄饨上。

宝贝营养指南：

面粉富含蛋白质、糖类、维生素和钙、铁、磷、钾、镁等矿物质，有养心益肾、健脾厚肠、除热止渴的功效。虾仁营养丰富、肉质松软，易消化。虾肉中含有丰富的镁，能很好地保护心血管系统，它可减少血液中的胆固醇含量，还有化瘀解毒、益气滋阳、通络止痛、开胃化痰等功效。

食材

猪瘦肉50克，番茄2个，豆腐1块，花生油、盐、酱油、大葱、姜、湿淀粉各适量。

番茄豆腐泥

妈咪巧手做:

1. 将猪瘦肉洗净，剁碎成肉末；豆腐切成小方丁；番茄洗净，去皮去籽，切成块备用。

2. 锅入油烧热，先下葱、姜炒香，随即下猪肉末，炒后取出备用。

3. 用余油炒番茄，快炒几下，立即将豆腐块放入，并加酱油、盐，再加上炒好的肉末，一同炒熟。烧至豆腐入味，用湿淀粉勾芡即成。

宝贝营养指南:

番茄富含胡萝卜素、维生素 B_1、维生素 B_2、烟酸、维生素 C、维生素 K、维生素 P 等，特别是维生素 C，每 100 克可食部分含有 8 毫克，还含有苹果酸、柠檬酸、番茄碱、蛋白质、脂肪、糖类、粗纤维、钙、磷、铁等。这道菜中的肉烂且细，豆腐、番茄软烂，整个菜软嫩，味道也很好。此菜儿童常吃，有极好的保健防病作用。

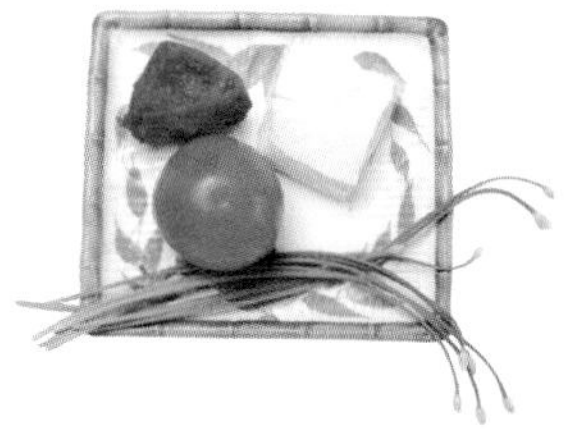

食 材

鸡胸肉 50 克，西蓝花 60 克，面条 50 克，鸡骨高汤 400 毫升，食盐少许。

鸡肉西蓝花面条

妈咪巧手做：

1. 将西蓝花洗净切成小块，焯水后放入凉开水内过凉，捞出沥干；鸡胸肉切成小片；面条用剪刀剪成 2~3 厘米长的段备用。
2. 将鸡骨高汤放入锅中加热，加入切好的西蓝花和鸡胸肉煮开。
3. 下入面条段，煮熟后用食盐调味，装碗即可。

宝贝营养指南：

西蓝花的维生素C含量极高，不但有利于幼儿的生长发育，更重要的是可以提高人体免疫功能，促进肝脏排毒，增强体质。在制作这道面食时，切西蓝花和鸡肉的大小需视幼儿的咀嚼能力和年龄大小来调整。

食 材

公鸡肉 100 克，菠萝 300 克，果汁 20 毫升，鸡蛋 1 个，青豆 2 克，洋葱粒 2 克，淀粉、料酒、生抽、花生油各适量。

果汁鸡块

妈咪巧手做：

1. 把鸡肉切成块，每块重约 25 克。
2. 鸡块用生抽腌一下，再加入鸡蛋和淀粉拌匀。
3. 大火烧锅，下花生油，把鸡块排于锅中，煎至两面呈金黄色。
4. 立即下青豆、洋葱粒炒匀。
5. 加果汁拌匀上碟，以菠萝围边。

宝贝营养指南：

公鸡肉善补虚弱，适宜儿童身体虚弱者食用。此菜为补虚温中的养身食谱，能治营养不良症。

PART 3

聪明宝贝快快长：2~3 岁宝贝的营养餐

baby food

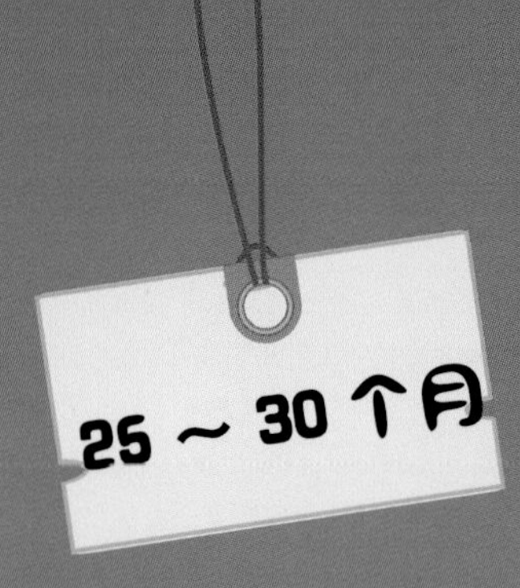

宝贝的营养饮食

宝宝营养饮食指南

2 岁的宝宝基本上已经出齐 20 颗乳牙，其咀嚼能力和消化能力有了很大进步，从以乳类食物为主逐渐过渡到以谷类、鱼肉、蔬菜为主，但其消化能力仍然较弱，可能会出现挑食、偏食等不良习惯。幼儿的饮食若不能合理地搭配，会出现营养过剩或不足等状况，从而影响孩子的生长发育及健康。

2 岁半幼儿的生长发育正处于迅速增长阶段，此时期对各种营养素的需求较高，肌肉开始明显发育，尤其以下腹、臂、背部较为突出。如果幼儿的饮食营养素供给不足，就容易出现贫血、缺钙，缺乏维生素 A、维生素 D 等，可能导致佝偻病的发生。

2 岁至 2 岁半的幼儿每天所需总热量为 4810 ~ 5020 千焦，每天需蛋白质 40 克左右，钙质 550 ~ 600 毫克。习惯吃饭的幼儿每日可安排 3 顿正餐，2 ~ 3 顿点心，并养成独立进餐的习惯。让幼儿专心一意地吃好每一餐，以保证营养素充分、合理、全面地摄入。

宝宝膳食安排注意要点

父母在给 25 ~ 30 个月的宝宝安排饮食时，要掌握以下 4 个要点：

1. 根据幼儿生长发育对营养的需求来安排饮食。幼儿生长发育需要多种营养物质，这些营养物质主要存在于五谷杂粮、鱼肉蛋奶、蔬菜水果中。家长要有意识地为幼儿合理搭配，使各种营养素互相补充，发挥协调作用。只要孩子不挑食、不偏食，就能满足其生长发育的需要。

2. 为幼儿挑选适合脾胃消化吸收功能的食物。因幼儿脏腑娇嫩、脾胃薄弱，咀嚼能力也相对较弱，所以在为幼儿准备膳食时，要避免选择质地粗硬的食物，也不要给他吃有刺激性和过于油腻的食品。给幼儿的食物不仅要容易消化，还要注意营养全面及搭配合理。

3. 经常变换幼儿饮食的花样以促进食欲。幼儿的食谱太单调，久而久之便会使其产生厌食的情绪，导致某些营养素摄入不足。因此，不要每天给孩子吃同样的食物，主食和辅食的品种应多样化，以促进孩子的食欲，使食物之间的营养素能够互补，保证健康生长发育的需要。

4. 幼儿的饮食应合理分配营养和精心制作。精心为幼儿制定食谱，在制作时，要注意荤素搭配、干稀搭配，蔬菜要切碎后煮熟，不要添加有刺激性的调料（如辣椒、胡椒粉、芥末、孜然等）。食物要外形美观，味道可口。每天的餐点要搭配合理——早餐要吃得精些；午餐要丰盛，量多一些；晚餐可清淡一点，不要吃得太饱。中间的加餐可提供水果或小点心，正餐间隔时间为 4 小时。合理地为幼儿安排好饮食，这样才能让宝宝摄取到足够的营养。

宝宝饮食宜忌

宜：

※ 平时多给宝宝吃一些深海鱼类，可提供幼儿生长发育所必需的各种营养素，补充对宝宝脑部发育有益的 DHA（二十二碳六烯酸，俗称“脑黄金”）成分，如鲑鱼、沙丁鱼、带鱼等都可选择。

※ 幼儿摄入含碘丰富的食物可促进大脑发育。碘是制造甲状腺素所必需的元素。甲状腺素不仅可以调节身体的新陈代谢，还能促进神经系统功能发育。幼儿若碘摄入不足，会使脑细胞数量减少，脑容量降低，直接影响其智力发育。所以，在幼儿生长发育阶段，要及时添加含碘食物，如海带、紫菜等。另外，使用碘盐时最好在菜做好后出锅前再放入，这样可以减少碘的挥发损失。

※25 ~ 30 个月的幼儿喜欢模仿大人用筷子吃饭。父母应该趁这个机会让宝宝学习如何正确使用筷子进餐，这样能锻炼幼儿的手部活动能力，促进神经系统的发育。用筷子夹取食物并准确无误地送到嘴里，对于幼

儿来说是一种复杂、精细、需要高度协调性的动作，要涉及肩部、手臂、手腕、手掌、手指等多处关节及肌肉的活动。

※ 孩子生长发育所需的赖氨酸和蛋氨酸可以从粗粮中摄取，这两种氨基酸属于人体自身不能合成的营养素。适当为幼儿提供粗粮，有利于补充相关营养素。

忌：

※ 有的父母会给孩子吃巧克力，而巧克力的脂肪含量偏高，蛋白质含量较少，营养成分的比例不适合幼儿生长发育的需求，要少给宝宝吃。尤其在饭前不要给宝宝吃巧克力，否则会影响其食欲。

※ 不要给宝宝提供果茶、汽水或其他配制型果汁之类的配方饮料，这些饮品在消毒贮存过程中消耗的维生素量较大，所添加的成分必须由肝脏解毒后才能排出体外，而幼儿的肝脏功能发育不完善，经常饮用这类饮料会损害宝宝的肝脏。

※ 在日常生活中，父母应了解孩子由于生理发育的阶段性变化而造成食欲的生理性波动，也可能因气候、疾病、零食、活动量等其他因素影响到孩子的食欲。所以，孩子不愿意吃的时候不要采取强迫的手段，否则会有反效果。

※ 不要经常给幼儿提供市面上用半成品或熟食所做成的食物，如火腿、香肠以及其他罐头食品等，因为这些食物在制作过程中

可能含有食品添加剂、防腐剂等化学物质，幼儿的新陈代谢能力发育不够完善，这些物质可能会影响其生长发育。

每日食物构成推荐

每日给牛奶或酸奶 1 ~ 2 杯（225 ~ 450 毫升）。

每日主食应以谷类为主，可以给米饭、面食类（如挂面、馒头、面包）、杂粗粮（如玉米等）80 ~ 100 克。

蔬菜是维生素、矿物质和膳食纤维的主要来源，主要有番茄、芥蓝、芹菜、白菜、胡萝卜、白萝卜、花菜等。

新鲜水果是维生素和矿物质的主要来源，可选择苹果、橘子、香蕉、西瓜等。

每日可添加一些肉类食品，如猪瘦肉、牛羊肉、禽肉、猪肝、鸡肝、猪血等。另外，每日还可添加一些如海带、木耳、香菇、蘑菇之类的食物。此时期的幼儿需每日 3 顿正餐，2 ~ 3 顿点心餐，可提供小点心，如含糖低的饼干、面包、松糕和水果等。一次给予的量不能太多，有需要时再另外增加，主要是为了增加热能的摄入量。

宝宝每日配餐食谱举例

餐 时	食 谱
早餐　07：30	粥 100 克，蛋饺 50 克，肉松 10 克，拌黄瓜 1 小碟
加餐　10：00	牛奶或酸奶 100 毫升，饼干 3 块，水果沙拉 100 克
午餐　12：00	米饭 100 克，白菜肉泥 100 克，三丝汤 1 小碗
加餐　15：00	鹌鹑蛋 4 个，水果 100 克
晚餐　18：00	米饭 80 克，土豆烧牛肉 150 克，汤 1 小碗
晚点　20：30	牛奶或配方奶 250 克，面包 2 片，水果羹 1 小碗

果干奶米糕

食材

大米100克，牛奶600毫升，葡萄干30克，奶油15克，白砂糖10克，食盐、香草精、果酱、熟植物油各少许。

妈咪巧手做：

1. 将葡萄干切碎；大米洗净，沥干水分后放入锅中，加入牛奶、食盐，用小火慢煮至米饭熟软但仍有米粒感时，放入切碎的葡萄干、白砂糖、香草精续煮片刻，熄火，加入奶油拌匀制成米糊。
2. 取几个小碗，内侧刷一层熟植物油，将米糊倒入碗中至八分满，冷却后脱模装盘。食用时可酌情浇上一些果酱。

宝贝营养指南：

大米可健脾和胃、补中益气，能使五脏精髓充溢、筋骨肌肉强健。除了提供热量，大米还有帮助调节脂肪和蛋白质代谢的功能，其分解后可产生大脑中枢神经的重要养分——葡萄糖，并对提高幼儿的记忆力和学习能力大有益处。牛奶含有人体所需要的几乎全部营养物质，特别是含有成长发育必需的所有氨基酸和钙、镁、铁、锌等，对于幼儿的智力发育很有益处。

食材

通心粉60克，苹果100克，洋葱30克，瘦肉末30克，鸡蛋1个，番茄30克，食盐、橄榄油各少许。

炒五宝通心粉

妈咪巧手做：

1. 将通心粉用清水煮熟，放入凉开水中过凉后捞起沥干；鸡蛋打散，用少许橄榄油烧热，煎成一张薄饼，待凉后切成丁。

2. 苹果去皮、核，切成丁；洋葱切成丝；番茄切成小丁。

3. 炒锅内放橄榄油烧热，下入洋葱丝炒香，倒进肉末炒熟，再放入通心粉和苹果丁炒匀，加入鸡蛋丁、番茄丁，调入少许食盐，翻炒均匀即成。

宝贝营养指南：

通心粉亦称通心面，主要营养成分有蛋白质、糖类等，易于消化，有改善贫血、增强免疫力、平衡营养吸收等功效。添加各类食材烹调的通心粉，营养成分更为全面，适合幼儿的口味。妈妈可变换不同的蔬菜和肉类搭配来烹调通心粉，以丰富幼儿的主食。通心粉有螺旋形、螺丝形、环形等多种，可给孩子时常变换一些品种，有利于增进食欲，均衡营养。

食材

苹果250克，鸡蛋1个，奶粉15克，植物油、奶油、面粉、白砂糖各适量。

香煎蛋包苹果

妈咪巧手做：

1. 将苹果洗净，去皮、核，切成小丁，放入炒锅内，加入奶油、白砂糖和少许水翻炒片刻，制成苹果酱备用。

2. 将鸡蛋磕出，加面粉、奶粉和少许水搅拌均匀，倒入烧热了植物油的锅中摊成薄蛋饼。

3. 将制好的苹果酱放在推好的蛋饼上，对折包好即可。

宝贝营养指南：

苹果营养全面，能促进能量代谢，润肺除烦、健脾益胃、养心益气、解暑生津。苹果和鸡蛋组合，有不一样的营养和味道，对幼儿补锌很有帮助，而锌是构成与记忆力息息相关的核酸和蛋白质的物质，对促进生长发育和加强幼儿营养及安神增智非常有益。

食材

面粉100克，鸡蛋2个，净虾仁60克，生菜丝30克，高汤适量，食盐、香油各少许。

鲜汤虾仁面珍珠

妈咪巧手做：

1. 将鸡蛋打入面粉中，加少许水和成面团，搓成珍珠大小的小面团；净虾仁切成小片。

2. 高汤倒入锅内烧开，加入小面团煮熟。

3. 放入切好的虾仁煮片刻，再加入生菜丝，调入食盐、香油，稍煮即可。

宝贝营养指南：

面粉中含有大量的B族维生素、蛋白质、糖类，用鸡蛋和好，做面团汤，能使面中的多种营养素存于汤中，避免营养流失。从饮食健康角度而言，面团汤更适合给幼儿作晚餐食用，还对偏食倾向有良好的改善作用。

食 材

芥菜 200 克，咸鸭蛋 2 个，猪瘦肉 60 克，淀粉 5 克，花生油 10 毫升，姜末、酱油各少许。

蛋菜肉片汤

妈咪巧手做：

1. 将芥菜洗净，切小段；将咸鸭蛋蛋黄、蛋白分开，都切碎。

2. 猪瘦肉洗净，切成薄片，用淀粉、酱油腌 10 分钟，放入沸水中汆至半熟，汤水留用。

3. 烧热锅，放入花生油爆香姜末，加入煮瘦肉的汤烧沸，倒入汤煲中，放入芥菜段、鸭蛋黄末，慢火煲煮片刻，下入猪瘦肉片、鸭蛋白搅匀，稍煮即可。

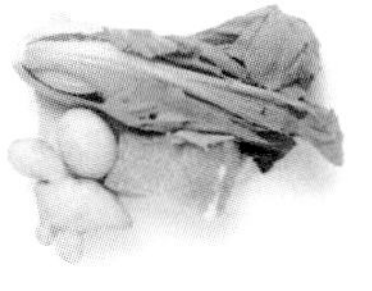

宝贝营养指南：

芥菜含维生素 A、B 族维生素、维生素 C 较为丰富，有提神醒脑、解除疲劳、解毒消肿、促进消化、增进食欲的作用。芥菜和瘦肉、鸭蛋荤素组合，对成长发育中的幼儿非常有益。

食 材

苹果 200 克，土豆 150 克，胡萝卜 60 克，小黄瓜 60 克，熟鸡蛋 1 个，沙拉酱适量。

薯泥三鲜沙拉

妈咪巧手做：

1. 将胡萝卜、土豆削皮后洗净，煮熟，胡萝卜切成丁，土豆趁热压磨成土豆泥；鸡蛋剥去壳，切成丁。

2. 苹果削皮去核，切成丁；小黄瓜洗净，切成丁。

3. 将所有处理好的食材盛入容器中，加入沙拉酱拌匀即可。

宝贝营养指南：

蔬菜和水果是维生素、矿物质和膳食纤维的主要来源，改变一下烹调手法，加入沙拉酱做成西式口味，再加入鸡蛋和其他食物，营养较为全面，能激发幼儿的食欲。制作时亦可再加一些酸奶或奶酪。

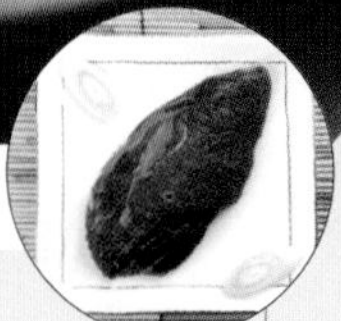

宝宝乐牛肉羹

食材

嫩牛肉100克，鸡蛋2个，干香菇2朵，青菜末10克，葱末、姜蓉各3克，酱油、香油、食盐、湿淀粉各适量。

妈咪巧手做：

1. 将嫩牛肉洗净，剁成细末，加入食盐拌匀，腌制15分钟；干香菇泡发，挤干，去蒂后切成末；鸡蛋取蛋清入碗，搅打均匀。
2. 锅内注入2碗清水烧开，倒入姜蓉、香菇末和牛肉末搅匀，大火焖煮15分钟，再加入酱油、食盐煮沸，倒入湿淀粉勾芡。
3. 放入青菜末稍煮，熄火，将打匀的鸡蛋清倒入锅并搅匀，淋上香油、撒上葱末即成。

宝贝营养指南：

牛肉末倒下锅后，要用铲子打散，以防结成团而影响羹的口感。还可用高汤或鸡汤代替清水，让烹煮出的牛肉羹更加鲜美可口。

蔬菜鸡肉烩饭

食 材

米饭100克，番茄、鸡肉末各30克，洋葱20克，胡萝卜末、甜椒粒各15克，色拉油10毫升，食盐、高汤各少许。

妈咪巧手做：

1. 将番茄去皮，切碎；洋葱切成碎粒。

2. 色拉油入锅烧热，依次下入鸡肉末、洋葱粒、番茄末、胡萝卜末、甜椒粒炒匀，再加入米饭翻炒均匀，加入高汤同炒至香浓，再下食盐调味即可。

宝贝营养指南：

番茄含有几乎所有的维生素，食之对心血管系统有保护作用，能保护皮肤，促进幼儿身体全面发育，并能清热解毒、健胃消食。鸡肉中蛋白质的含量较高，人体必需氨基酸齐全，且消化率高，有增强体力、促进智力发展的作用。

食 材

土豆1个，火腿、胡萝卜（去皮）各30克，淀粉10克，食盐、色拉油各少许。

香煎土豆饼

妈咪巧手做：

1. 将土豆洗净，加清水煮熟后去皮，趁热压成土豆泥；胡萝卜用开水烫一下，与火腿分别切成末。

2. 在土豆泥中加入胡萝卜末、火腿末和食盐搅拌均匀，做成2个小汉堡的形状，表面均匀地沾上淀粉。

3. 平底锅中放入色拉油烧热，放入土豆饼用小火煎至两面金黄即可。

宝贝营养指南：

薯类食物在幼儿膳食中是非常重要的，特别是一般幼儿都喜欢吃的土豆，其营养素全面，所含的大量淀粉及蛋白质、B族维生素、维生素C、膳食纤维等，可防止幼儿便秘和挑食，能促进消化，帮助机体及时排出代谢毒素。

食 材

虾仁 200 克，山药泥 50 克，甜椒丁 50 克，嫩豆腐 1 块，鸡蛋 1 个，熟鸡蛋黄 1 个，洋葱末 15 克，沙拉酱 2 大匙，苹果泥 10 克，淀粉、食盐、植物油各少许。

宝宝乐虾堡

妈咪巧手做：

1. 将洋葱末泡入开水中 1 分钟，捞起沥干水分后装碗，加入沙拉酱、食盐、蛋黄、苹果泥拌匀，做成酱料。

2. 嫩豆腐吸干表面水分，切成小丁；虾仁去肠泥洗净，剁成泥后放入盆内，加入山药泥、甜椒丁与豆腐丁一起拌匀，即成虾馅；鸡蛋打入碗中，加入淀粉调成鸡蛋糊。

3. 将虾馅分成 4 ~ 5 份，用手压扁成小饼，裹上鸡蛋糊，放入烧热了植物油的平底锅中，煎至熟透，装盘后铺上酱料即成。

宝贝营养指南：

虾仁、鸡蛋、豆腐都是优质蛋白质的来源，且富含各种矿物质元素，是补钙的良好选择，还易于消化吸收，配合山药泥、洋葱末、苹果泥等，使营养更为全面，十分适宜幼儿食用。另外，苹果中的维生素 C 还可促进身体对铁的吸收。给幼儿吃的蔬菜用开水焯过才利于消除有害物质，以防不洁食物影响健康。

食 材

鲜豌豆 100 克，鸡蛋 3 个，淀粉 15 克，白砂糖、芝麻各 10 克，牛奶 50 毫升，花生油适量。

豌豆泥蛋卷

妈咪巧手做：

1. 将鲜豌豆煮熟，过水拣出多余的豆皮，挤去多余的水分，捣成泥状，拌入少许熟花生油、白砂糖，分成 6 份。

2. 鸡蛋 3 个磕入碗中，加淀粉和牛奶拌匀，用平底锅烧热花生油，摊成 6 张蛋皮。

3. 在蛋皮上放入豌豆泥，制成 6 个蛋卷，粘上芝麻。

4. 锅烧热花生油，逐条放入蛋卷，稍煎片刻至芝麻微黄时出锅切段装盘。

宝贝营养指南：

豌豆富含各种营养物质，可增强机体免疫功能，促进排毒，防止便秘。豌豆结合鸡蛋，使各类营养素完备，能促进儿童身体发育。

三鲜鲑鱼蛋卷

食材

鸡蛋2个，鲑鱼肉200克，嫩芦笋3根，胡萝卜50克，海苔6片，食盐、沙拉酱、熟黑芝麻、熟白芝麻、花生油、香油各少许。

妈咪巧手做：

1. 将鸡蛋打入碗中，搅散；嫩芦笋洗净后切成小段；胡萝卜去皮后洗净，切成细条；鲑鱼肉切成片，煮或蒸熟后切碎，加食盐、沙拉酱拌匀。

2. 将嫩芦笋段、胡萝卜条放入开水锅中焯透，捞出沥干水分。

3. 将鸡蛋液用少许热花生油摊成薄蛋饼2张，铺平，每张蛋饼上放适量煮熟的鲑鱼肉、3片海苔和芦笋段、胡萝卜条，卷成蛋卷，压紧后切成段，撒上黑芝麻、白芝麻，淋上少许香油即可。

宝贝营养指南：

鲑鱼即三文鱼，所含的优质蛋白质和DHA（俗称“脑黄金”）、Ω-3脂肪酸及丰富的矿物质，有助于幼儿的成长发育，尤其对眼睛的健康和神经系统发育大有益处，可增强大脑功能，保护视力。制作这道菜可以根据季节不同，变换蔬菜品种或用其他鱼类。用瘦肉和蔬菜组合做成肉菜蛋卷也十分适宜。

食材

鸡蛋2个，净鱼肉100克，葱末5克，花生油30毫升，食盐、胡椒粉、香油各少许。

鱼泥蛋饼

妈咪巧手做：

1. 将鸡蛋打入碗里，搅拌均匀后加食盐调味。
2. 将净鱼肉剁成泥，加入鸡蛋液中，再放入葱末、胡椒粉、香油搅拌成稀糊状。
3. 平底锅置火上，放入花生油烧热，把鱼肉蛋糊放进锅里摊匀，用铲子压成饼状，以小火煎至熟透，切成块，盛盘。

宝贝营养指南：

幼儿期是人体大脑神经发育的重要阶段，食物供给的优质蛋白质及丰富的微量元素是否充足直接关系着幼儿的健康发育。鸡蛋、鱼肉组合富含卵磷脂、DHA（俗称“脑黄金”）等大脑发育不可或缺的营养，十分适合幼儿，对增进食欲也很有帮助。

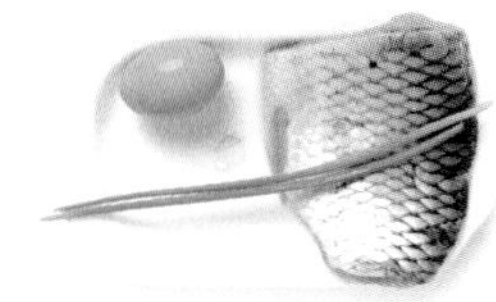

食 材

鸡蛋3个，净虾仁100克，油菜心50克，香菇粒、冬笋末、荸荠末各25克，1个鸡蛋的蛋清，食盐、湿淀粉、高汤、植物油各适量。

虾仁三鲜蛋饺

妈咪巧手做：

1. 将虾仁处理干净，剁成细末，与香菇粒、冬笋末、荸荠末混合，加入鸡蛋清、食盐拌成虾馅。
2. 鸡蛋打散，用烧热的植物油摊成几张小薄蛋饼，放入虾馅，折叠包成饺子状，稍煎后盛入蒸盘，蒸熟后取出。
3. 油菜心放入高汤中煮熟，摆在蛋饺周围。
4. 高汤加食盐烧开，用湿淀粉勾芡，取少许淋在蛋饺上。

宝贝营养指南：

这道菜还可用猪肉末、鸡肉末或鱼肉末来做馅，口味、营养各有所长。蛋饺美观促食欲，妈妈在日常配餐中变换馅料经常制作，有利于改善孩子的胃口，防止偏食。

食 材

鸡蛋4个，虾米10克，火腿末15克，葱花5克，食盐少许，植物油适量。

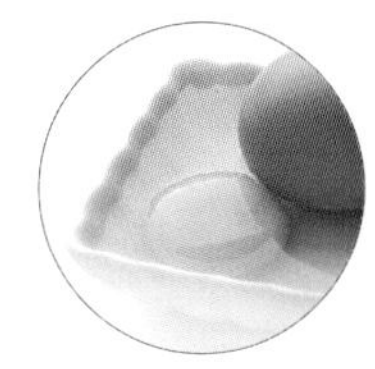

鲜炒蛋清

妈咪巧手做：

1. 鸡蛋取蛋清，加食盐打匀至起泡；虾米泡水至软，取出后切成碎末。
2. 炒锅烧热，用1匙植物油将打好的蛋清炒成棉花状，盛盘。
3. 原锅再放少许植物油，爆香虾米末，加葱花、火腿末和少许食盐炒匀，铺在炒好的蛋白上即可。

宝贝营养指南：

鸡蛋清富含蛋白质和人体必需的8种氨基酸和少量胶质，经常食用不仅可以使皮肤变白、变细嫩，还具有清热解毒的作用。虾米含有丰富的蛋白质和钙，幼儿食之对身体和智力的发育很有帮助。

食 材

银鱼200克，面粉50克，粟粉15克，鸡蛋2个，食盐少许，植物油适量。

酥炸银鱼

妈咪巧手做:

1. 将银鱼洗净后沥干，加食盐拌匀，腌入味；用面粉、粟粉、鸡蛋加少许食盐和水调成酥炸糊。
2. 锅置火上，放入植物油烧至六成热，将银鱼逐一裹匀酥炸糊，放入油锅中炸至呈金黄色并熟透，捞出装盘即可。

宝贝营养指南:

银鱼全身洁白透明、骨软、无鳞无刺，鱼身呈圆条状，整个鱼体均可食用。其所含的蛋白质属优质蛋白，氨基酸组成较为理想，含全部人体必需氨基酸，善补脾胃，尤适宜体质虚弱、营养不足、消化不良的孩子食用，还有良好的增强大脑功能的作用。

食 材

鳕鱼肉200克，2个鸡蛋的蛋清，生菜叶100克，植物油适量，食盐、姜汁各少许。

菜丝炒鳕鱼

妈咪巧手做:

1. 将鳕鱼肉洗净，切成丁；生菜叶择洗干净，切成丝。
2. 鸡蛋清打匀至起泡，加入鳕鱼丁，再加入姜汁和食盐拌匀。
3. 锅内放入植物油烧热，放入鳕鱼丁以中火滑油至将熟时出锅。
4. 锅内留少许油，将鳕鱼丁、生菜丝同放入锅中，翻炒均匀即可。

宝贝营养指南:

白绿相衬，色、香、味俱全。鳕鱼肉嫩味美，营养丰富，很适合孩子食用，对心血管系统有很好的保健作用，还能健脑益智。

番茄酿肉

食材

番茄2个，猪瘦肉末100克，火腿末15克，食盐、鸡汁、葱花、姜末、湿淀粉、香油各少许。

妈咪巧手做：

1. 在猪瘦肉末中加入食盐、鸡汁、葱花、姜末、香油拌匀；番茄去蒂洗净，用开水烫一下，剥去皮，用小勺挖去中间的小部分。
2. 将拌好的猪瘦肉末酿入番茄中，撒上火腿末，装盘放入蒸锅，用大火蒸熟。
3. 将蒸番茄的原汤加食盐烧沸，用湿淀粉勾芡，再淋于蒸好的番茄酿肉上。

宝贝营养指南：

本菜食材搭配合理，造型可爱，能让孩子食欲大开，对预防和改善偏食很有帮助，还有利于平衡营养，健胃消食。番茄的主要营养是维生素，其特有的番茄红素对心血管有很好的保护作用。但孩子在空腹时不宜多吃番茄。

浇汁绣球肉丸

食材

猪肉馅400克，小白菜叶60克，鸡蛋2个，2个鸡蛋的蛋清，红甜椒粒、胡萝卜粒各15克，酱油15毫升，高汤50毫升，姜末、蒜末各5克，食盐、香油、湿淀粉、植物油各适量。

妈咪巧手做：

1. 在猪肉馅中加入酱油、姜末、蒜末、鸡蛋清、香油、食盐，顺一个方向拌匀，放置30分钟入味；鸡蛋打散，入锅用少许热植物油摊成2张薄蛋皮，切成丝；小白菜叶用开水烫软，沥干后切成丝。
2. 将猪肉馅捏成若干丸子，裹上小白菜丝和鸡蛋丝，装盘后放入蒸笼用大火蒸熟。
3. 炒锅中倒入植物油烧热，放入甜椒粒、胡萝卜粒炒香，加入高汤煮沸，调入食盐，以湿淀粉勾薄芡，起锅淋于蒸好的双色绣球丸子上。

宝贝营养指南：

猪肉的营养很适宜幼儿，有滋养脏腑，补肾养血的作用。小白菜中丰富的钙、磷、铁能够促进幼儿健康发育，加速机体新陈代谢，促进骨骼生长，增强造血功能。猪肉馅不要肥肉太多，精瘦肉应占70% ~ 80%。

食材

鸭肉 30 克，豆腐皮 30 克，豌豆苗 100 克，鲜汤 300 毫升，食盐、姜汁、香油各少许。

鸭泥腐皮汤

妈咪巧手做：

1. 将鸭肉切成细末，放入鲜汤内；豆腐皮切成小块，用清水泡好。
2. 将放了鸭肉末的鲜汤，倒入汤锅中，置大火上，调入食盐、姜汁，放入豆腐皮，待汤开后撇去浮沫，加入豌豆苗煮熟，淋入香油即可。

宝贝营养指南：

鸭肉所含的蛋白质易于消化，还含有较多的 B 族维生素和维生素 E，其中 B 族维生素是抗神经炎、抗脚气病和抗多种炎症的维生素。适当食用鸭肉对宝宝健康成长很有利，有助于改善体弱、便秘、贫血、营养不良性水肿、盗汗等症。豌豆苗中各种维生素以及膳食纤维含量高，有清肠胃和除烦止渴的作用，可防治幼儿便秘。

食材

水发海蜇皮 100 克，鸡蛋 2 个，火腿 50 克，姜丝 5 克，食盐、淀粉各少许，高汤适量。

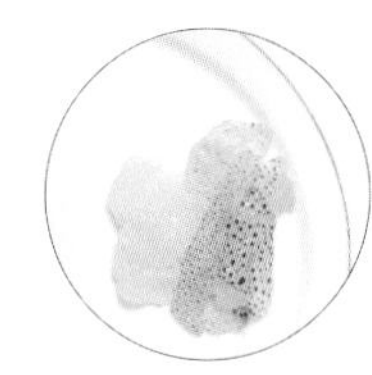

海蜇羹

妈咪巧手做：

1. 将海蜇皮洗净，沥干水，切碎；火腿剁碎成末。
2. 鸡蛋取蛋清打散，加入少许水再搅匀，上火蒸熟。
3. 高汤放入煲内，加入姜丝烧开，下入食盐调味，用湿淀粉勾芡，下入海蜇，撒上火腿末煮透，用小匙把蒸熟的蛋白舀入汤内，稍煮后盛出。

宝贝营养指南：

海蜇含有人体需要的多种营养成分，尤其是含有一般饮食中缺少的碘，适当食用对于儿童缺碘有很好的防治作用。

食 材

冬瓜500克，方火腿200克，鸡汁、胡椒粉、食盐各少许，高汤适量。

冬瓜夹火腿

妈咪巧手做：

1. 冬瓜去皮、去瓤，切成连刀片，入开水锅内焯一下，马上捞出。

2. 火腿切成薄片，嵌入冬瓜夹片中间，摆放在蒸盘内，加入少许食盐、鸡汁、胡椒粉，入蒸锅蒸熟后取出。

3. 锅置火上，倒入高汤烧开，起锅取适量浇在火腿冬瓜上即可。

宝贝营养指南：

冬瓜含有多种维生素和人体必需的微量元素，能很好地调节人体的代谢平衡，可清热解暑、养胃生津；火腿很受幼儿喜爱，适当食用有强健身体的作用。此品荤素搭配，有利于幼儿饮食营养的平衡。

食 材

鳕鱼片200克，番茄酱20克，白砂糖3克，白醋3毫升，食盐、胡椒粉各少许，豌豆仁、莴笋丁、小白菜、蛋清淀粉糊、植物油各适量。

茄香鱼片

妈咪巧手做：

1. 将鳕鱼片洗净后加入食盐、胡椒粉腌入味，裹匀蛋清淀粉糊，放入热油锅中过油后备用；豌豆仁、莴笋丁入沸水中焯透后沥干。

2. 炒锅内放入植物油烧热，加入豌豆仁、莴笋丁、番茄酱、白砂糖、白醋炒匀，下鳕鱼片和小白菜拌炒至熟软入味即可。

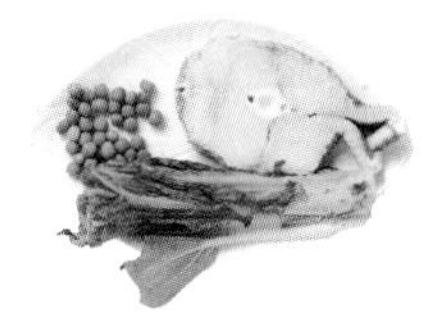

宝贝营养指南：

鳕鱼肉含有幼儿发育所必需的各种氨基酸，其比值和儿童所需量非常相近，易于消化吸收，其还富含不饱和脂肪酸、维生素A、维生素D、B族维生素和钙、镁、硒等营养元素，能促进骨胳、大脑发育，增强新陈代谢和造血功能。

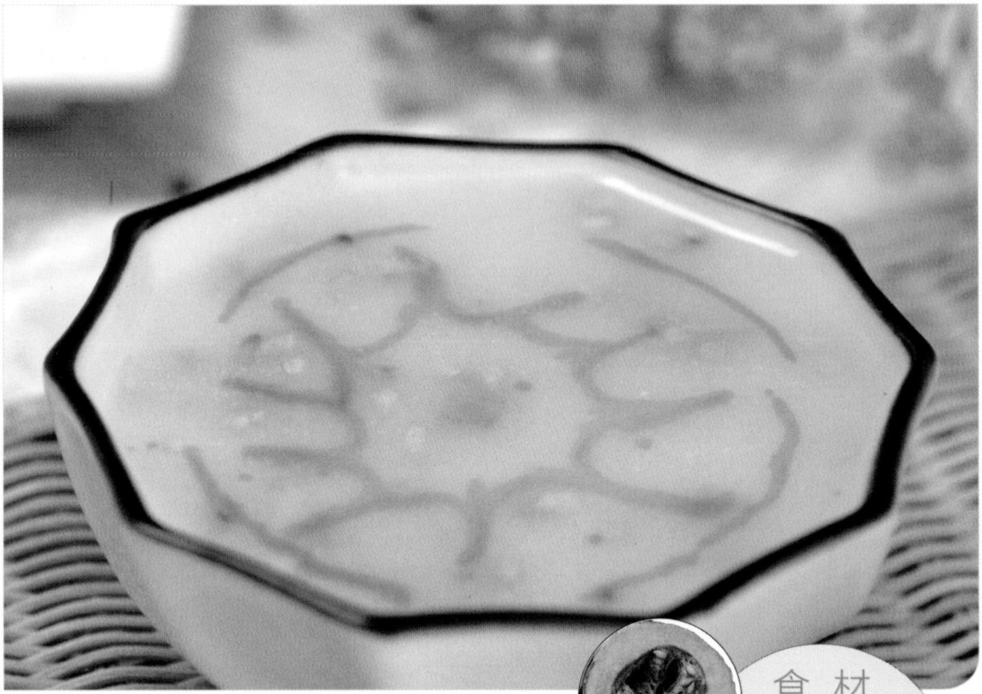

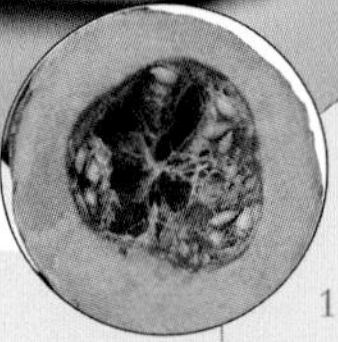

南瓜洋葱薏米汤

食材

薏米35克，南瓜150克，洋葱50克，鲜奶油10克，高汤200毫升，食盐少许，色拉油适量。

妈咪巧手做：

1. 将薏米浸泡2小时，加水和少许食盐煮烂；洋葱剁碎；南瓜切丁，放进蒸笼蒸熟。

2. 锅内放入色拉油烧热，下入洋葱碎炒香，加入薏米和南瓜翻炒。

3. 注入高汤，盖上盖子煮熟，先用碗盛出，然后把鲜奶油装进挤花袋，在汤面上挤画上自己喜欢的图案即可。

宝贝营养指南：

南瓜有促进生长发育的作用，含有丰富的锌，可参与人体内核酸、蛋白质的合成，是肾上腺皮质激素的固有成分，是生长发育的重要物质。薏米含有丰富的蛋白质、维生素 B_1、维生素 B_2，可使皮肤光滑，还能促进新陈代谢，有利尿、消水肿的作用，更适合营养不良的孩子食用。

香炸金丝

食材

胡萝卜 300 克，鸡蛋 2 个，面粉 10 克，淀粉 30 克，花生油 300 毫升，食盐少许。

妈咪巧手做：

1. 将胡萝卜洗净，去皮，除去头尾，切成丝，加食盐拌匀。
2. 用鸡蛋、面粉、淀粉调匀成浓稠的蛋糊，放入胡萝卜丝拌匀。
3. 锅内放入花生油烧至五成热，将胡萝卜丝分成数等份，逐一团成小饼状下锅，煎至熟透即可。

宝贝营养指南：

胡萝卜含有丰富的胡萝卜素，在人体内可转化成维生素 A，能促进机体正常生长，防止呼吸道感染及保护视力健康，还有助于增强脑功能，提高记忆力。

注意，蛋糊的用量以能将胡萝卜丝全部包裹住为度，黏度以能握成团为宜。

食材

豆腐皮800克，猪瘦肉500克，香菇30克，胡萝卜50克，竹笋30克，甜椒1个，酱油、湿淀粉、小葱、鲜汤、姜、白砂糖、植物油、精盐各适量。

彩丝虎皮卷

妈咪巧手做：

1. 将豆腐皮洗净沥干，平铺在案板上。
2. 将猪瘦肉、香菇、胡萝卜、竹笋、甜椒切成丝，姜、小葱切成末。
3. 将铺好的豆腐皮抹上一层湿淀粉，摊上一层肉末和其他丝馅卷成卷，封口粘紧。依次制做10个肉卷备用。
4. 锅内放入植物油，烧至七成热，下入肉卷，炸成虎皮色捞出，沥去油，锅中加入鲜汤、白砂糖、酱油、精盐、葱末、姜末一起煮，汤沸时下入炸肉卷，煮透装盘即成。

宝贝营养指南：

豆腐皮是大豆磨浆烧煮后，凝结干制而成的豆制品。豆腐皮中含有丰富的优质蛋白，营养价值较高；含有大量的卵磷脂，可预防心血管疾病，保护心脏；含有多种矿物质，能补充钙质，促进骨骼发育，对小儿骨骼生长极为有利。经过油炸的豆腐皮色黄；有光泽，柔软不黏，风味独特，是高蛋白、低脂肪的营养食品。

食材

毛豆50克，花生仁（炒熟的）50克，豆腐干10克，胡萝卜10克，沙茶酱、食盐、葱花、花生油各适量。

炒菜四宝

妈咪巧手做：

1. 将豆腐干和胡萝卜切成丁。
2. 起油锅爆葱花，放沙茶酱炒匀，加毛豆、胡萝卜、豆腐干及少许清水煮熟，以盐调味，撒下花生仁炒均匀即成。

宝贝营养指南：

毛豆营养丰富均衡，含有对人体有益的活性成分，脂肪含量明显高于其他种类的蔬菜，但其中以不饱和脂肪酸为主，它们可以改善脂肪代谢。毛豆中的卵磷脂有助于改善大脑的记忆力和智力水平。花生仁含有丰富的蛋白质、不饱和脂肪酸、维生素E等营养元素，有增强记忆力等作用。豆腐干中含有丰富的蛋白质，而且豆腐蛋白属完全蛋白，含有人体必需的8种氨基酸，营养价值较高，并含有多种矿物质，可补充钙质，促进骨骼发育，对小儿、老人的骨骼健康极为有利。

食 材

糙米 500 克，绿豆 50 克，红豆 50 克，黄豆 30 克，黑豆 30 克，饭豆 30 克，白砂糖少许。

五豆补益糙米粥

妈咪巧手做：

1. 将糙米和五种豆分别淘洗干净，黑豆、黄豆用清水浸泡 2 小时左右，捞出沥干水分；红豆、饭豆、绿豆、糙米用清水浸泡约 1 小时，捞出沥干水分。

2. 锅中倒入适量水烧开，放入五种豆和糙米煮沸后，改用小火续煮约 1 小时。

3. 待煮至米、豆都成花糜状时熄火，闷约 5 分钟，调入白砂糖即可。

宝贝营养指南：

糙米中的矿物质、B 族维生素、膳食纤维含量都比较高，做成粥后有补脾、和胃、清肺功效；米汤有益气、养阴、润燥、刺激胃液分泌、助消化、促进脂肪吸收的作用，有益于幼儿健康发育。

食 材

鸡蛋 4 个，猪肠约 250 克，黑木耳、香菇、胡萝卜、青蒜各适量，淀粉、盐、姜、米酒各少量。

蛋卷蒜肠

妈咪巧手做：

1. 将猪肠翻过来，洗净剁碎加入盐、姜、淀粉，腌好；将发好的黑木耳和香菇、胡萝卜、青蒜切碎，稍后再放入腌渍的猪肠碎中搅匀。

2. 蛋打散，加点盐、淀粉用筷子打匀。

3. 锅烧热，不用放油，将蛋液分两次倒入锅中用小火煎。

4. 把煎好的蛋拿出来，把碎肠平铺在蛋饼上卷起来。

5. 将卷好的蛋卷放到锅里蒸 15 ~ 20 分钟。

6. 把蒸好的蛋卷切块后摆盘就完成了。

宝贝营养指南：

猪肠的主要营养成分包括脂肪蛋白质、维生素 A、维生素 E，而鸡蛋含丰富的优质蛋白，鸡蛋蛋白质的消化率比牛奶、猪肉、牛肉和大米都高，这两种材料搭配烹制的菜既营养，又美味，很适合幼儿食用。

宝贝的营养饮食

宝宝营养饮食指南

31 ～ 36 个月宝宝的乳牙基本长齐，但咀嚼能力和消化能力还较弱，此时期对营养素的需要量较高。因此，家长要给宝宝选择营养丰富且容易消化吸收的食物，以保证其摄取充足的优质蛋白。饭菜烹调要符合幼儿的消化吸收功能特点，要细、碎、软、烂、嫩，不要使用刺激性的调味料，如花椒、辣椒、孜然、咖喱粉等。

31 ～ 36 个月的宝宝已开始形成各种习惯，这时应注意培养幼儿良好的饮食习惯，家长应提供多种食物让其接触到不同的口味，千万不要让宝宝养成偏食或挑食的坏习惯。

宝宝膳食安排注意要点

可以给 31 ～ 36 个月的幼儿逐渐增加食物的品种，让其慢慢地适应更多的食物。父母在为宝宝安排膳食时仍然需要切碎煮烂，还应适当地控制其零食量，否则可能会影响宝宝的正餐食欲。另外，幼儿吃得过多可能导致肥胖，从而出现一系列健康问题，因此，家长要适当控制宝宝的饮食。

宝宝饮食宜忌

宜：

※ 家长要为幼儿提供干净且新鲜的蔬菜。在洗菜的时候可以在清水中加少量食盐，将新鲜的蔬菜浸泡一下，这样更利于清除蔬菜表面残留的农药和其他有害物质。

※ 培养孩子建立合理的饮食习惯，每餐要定时定量，少吃零食和冷饮，不要挑食和偏食，每餐主次搭配，营养全面。让幼儿形成良好的饮食习惯，可防止其娇嫩的胃黏膜受损而发生溃疡。

※31 ～ 36 个月的幼儿已经开始从摄入液体食物逐渐转变到吃固体食物，这时应每天摄取 400 ～ 500 毫升的牛奶，在安排膳食时多选择含钙量较丰富的食物，以满足幼儿生长发育的钙质需要。此外，还要多带宝宝进行户外活动，最

好每天都保证一定时间的日光照射。

※ 快 3 岁的宝宝的好奇心逐渐增强，喜欢提各种问题，家长可利用宝宝进餐的时间，给其讲解一些食物的相关知识，告诉他哪种食物吃了对身体有好的作用，这样能培养他初步的营养观念，尽早树立科学进食观。

忌：

※ 家长不要让幼儿养成饭前喝水、吃零食或吃冷饮的习惯。

※ 家长尽量不要给幼儿吃一些反季节的蔬菜和水果。

※ 宝宝在自己进餐时，可能会边吃边玩，这时父母不要采取过激的手段来强迫他进食，而要有耐心，让他慢慢用餐，避免出现因进食不当而引发的营养不良。

每日食物构成推荐

31 ~ 36 个月的幼儿，每日应摄取主食 100 ~ 200 克，豆制品 15 ~ 25 克，肉、蛋 50 ~ 75 克，蔬菜 100 ~ 150 克，牛奶 250 ~ 500 毫升，水果、糕点适量。让幼儿得到充足的热量和营养的同时，还要合理安排进餐的时间和次数。幼儿进餐次数可根据年龄的增长而减少，年龄越小，进餐次数相对要越多。幼儿的早餐要吃好，营养约占全天总热量的 25%，最好以牛奶、面包、糕点、鸡蛋、稀饭等配以小菜；午餐可丰富些，量相对要多，营养约占全天总热量的 35%，可给予烂饭、馒头、肉末、青菜、动物肝脏、豆腐羹、菜汤等；加餐的营养约占全天总热量的 10%，可适量加点牛奶或豆浆、水果等；幼儿的晚餐应清淡点，营养约占全天总热量的 30%，可选择烂饭、面条、菜包、青菜、浓汤等。另外，幼儿的晚餐不要吃得过饱，以免影响睡眠。

宝宝每日配餐食谱举例

餐 时	食 谱
早餐 07：30	牛奶 200 毫升，馒头 40 克，荷包蛋 1 个
加餐 10：00	苹果 1 个
午餐 12：00	鸡丝面条 200 克，番茄肉羹 40 克
加餐 15：00	牛肉沙拉 50 克，蛋卷 120 克
晚餐 18：00	米饭 1 碗，木耳烧豆腐 120 克，汤 50 克
晚点 20：30	酸奶 150 毫升

糯米甜香圣女果

食材

圣女果（樱桃番茄）20个，糯米60克，白砂糖30克，冰糖40克，香油少许。

妈咪巧手做：

1. 将圣女果洗净去蒂，用开水烫一下，然后用小刀从离顶部约1/4处切开，挖去部分瓤。

2. 糯米淘洗后入锅蒸至软糯，加入白砂糖、香油拌匀制成馅，然后酿入圣女果中。

3. 锅内放入少许清水，下入冰糖烧开，用小火熬成糖浆，离火后下入酿好糯米的圣女果，挂匀冰糖熬的糖浆即可。

宝贝营养指南：

此菜成品白里透红，晶莹剔透，甜酸适口，可补充足量维生素。熬制糖浆需注意掌握火候，火太大了容易熬得颜色发黄、有苦味，影响品质和口感。

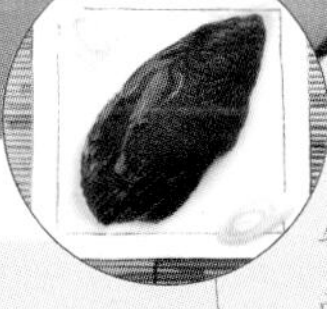

骨汤牛肉面

食 材

牛肉丝30克，鸡蛋面条60克，嫩菠菜梗20克，大骨汤适量，食盐少许。

妈咪巧手做：

1. 将嫩菠菜梗洗净，用开水烫一下，切成碎丁；牛肉丝切短；鸡蛋面条用剪刀剪成短一些的段。

2. 大骨汤入锅加热，下入嫩牛肉丝稍煮后捞出。

3. 再下入鸡蛋面条，煮熟，加入嫩牛肉丝、菠菜梗丁，调入食盐再煮片刻即可。

宝贝营养指南：

食用牛肉对增长肌肉、增强力量特别有效，还可提高智力，调养身体。但给幼儿吃的一定要是嫩牛肉或小牛肉才便于消化，肉丝长度要根据咀嚼能力调整。幼儿生长发育迅速，要注意各种食物的供给搭配，多提供富含蛋白质、钙、铁和各类维生素的食物。

食 材

香芒1个，木瓜肉200克，猪肉泥100克，蟹柳、净虾仁、西芹丁、番茄片各30克，熟腰果20克，鸡蛋3个，烤紫菜2张，樱桃2颗，鸡汁、酱油、食盐、植物油、沙拉酱各适量。

彩蝶营养什锦拼

妈咪巧手做：

1. 将香芒从中部切开，挖空果肉后作容器；木瓜肉切成丁；蟹柳切成小段；虾仁用热植物油稍炸一下；鸡蛋打匀，用热植物油摊成蛋皮。
2. 猪肉泥加鸡汁、酱油、食盐调味，摊放在蛋皮上，放上烤紫菜，卷成蛋卷，蒸熟后切小段，摆盘成蝴蝶翅膀形，再围上番茄片，摆上樱桃。
3. 炒锅内烧热植物油，下入蟹柳段、虾仁、木瓜丁、腰果、西芹丁炒匀，调入食盐炒熟，盛入香芒容器内，加入一点沙拉酱拌匀，放于盘中蝴蝶形的中间即可。

宝贝营养指南：

此菜荤素搭配适宜，造型美观，爽口美味，营养全面，尤其是可提供优质蛋白质和矿物质元素，有助于幼儿期的宝宝均衡地摄取营养。

食 材

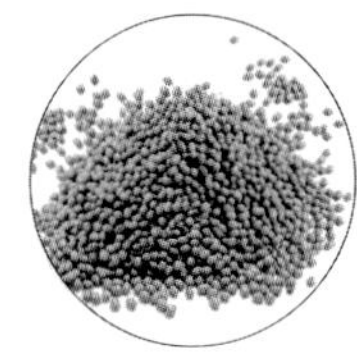

绿豆30克，玉米粒60克，葡萄干20克，椰汁100毫升，牛奶50毫升，白砂糖少许。

粒粒香椰奶

妈咪巧手做：

1. 绿豆洗净后泡发，入锅加适量水用大火煮开，转小火煮至豆粒熟软。
2. 放入玉米粒、葡萄干续煮5分钟，再加入白砂糖、椰汁、牛奶，稍煮即可。

宝贝营养指南：

葡萄干含糖分、铁质较多，十分适合2岁以上的宝宝食用。这款营养餐由多种食物搭配，富含蛋白质、膳食纤维和钙、铁、磷、锌、镁等多种矿物质以及维生素A、B族维生素、维生素E等，能清心安神、保护头发，有助于促进人体器官组织、骨骼、牙齿的健康，改善消化功能。

食 材

去皮苹果300克，菠萝果肉150克，火腿100克，沙拉酱50克，猕猴桃1片，樱桃1颗。

火腿鲜果沙拉

妈咪巧手做：

1. 将去皮苹果、菠萝果肉、火腿分别切成丝，一同装盘。

2. 加入沙拉酱拌匀，再放上猕猴桃片和樱桃即可。根据宝宝的口味，还可加入一些酸奶。

宝贝营养指南：

吃苹果能促进能量代谢，增进食欲；菠萝能有效帮助消化吸收，并可改善局部的血液循环，消除炎症和水肿，防止肥胖；樱桃含铁量高，可促进血红蛋白再生，防治贫血，健脑益智；猕猴桃可为宝宝提供丰富的维生素C和膳食纤维，促进心血管健康，防治便秘。

食 材

牛奶500克，湿淀粉100克，鸡蛋清、泡打粉各25克，小麦面粉、白砂糖、黄油、花生油各50克，食盐少许。

牛奶块

妈咪巧手做：

1. 将牛奶倒入瓦锅内，加入黄油、白砂糖烧开，用湿淀粉勾芡，朝同一方向搅动，待牛奶变稠后倒入刷好黄油的方盘内，放凉后放入冰箱。

2. 将面粉、湿淀粉、泡打粉、食盐、鸡蛋清、花生油和适量清水拌匀，制成脆浆。

3. 锅内倒入花生油烧热，将冰冻好的牛奶坯切成菱形块，先沾上湿淀粉，再挂匀脆浆，放入锅内煎至金黄色，捞出沥油，装盘，撒上白砂糖即可。

宝贝营养指南：

油煎牛奶充分保持了新鲜牛奶的营养成分。牛奶是人体钙的最佳食物来源，而且钙磷比例非常适当，有利于人体对钙的吸收。牛奶用温油煎后，外皮脆而不硬，内里鲜嫩可口，具有鲜奶的味道。这款营养餐味道鲜美，并以其口感舒适、形态可爱的特点深受幼儿的喜爱。

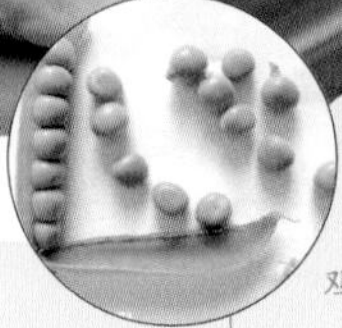

什锦煎蛋包

食材

鸡蛋2个，豌豆仁、玉米粒、火腿丁、番茄丁各30克，葱末、鸡汁、食盐各少许。

妈咪巧手做：

1. 将豌豆仁和玉米粒下入开水锅中焯烫片刻，捞出沥干。
2. 锅中倒入植物油烧热，爆香葱末，放入火腿丁、豌豆仁、玉米粒、番茄丁炒匀，加入食盐、鸡汁调味后盛出。
3. 鸡蛋磕入碗内搅匀，用少许植物油摊成几张小蛋皮，分别放上炒好的馅料，包起后再煎片刻即可。

宝贝营养指南：

把不同食材巧妙组合，比单一烹调更能提高宝宝的进食欲望；配餐时荤素搭配，多注意宝宝对蔬菜的摄取，有益于促进营养平衡。

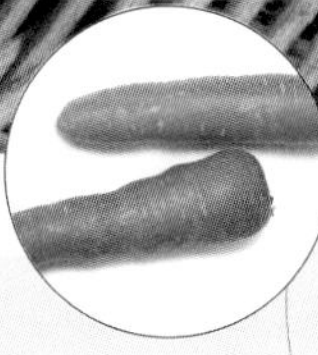

肉酱三丝拌面

食材

面条100克，猪瘦肉末60克，白豆腐干2块，葱头末15克，黄瓜丝、胡萝卜丝各20克，鸡蛋1个，高汤100毫升，蒜末、酱油、食盐、植物油各适量。

妈咪巧手做：

1. 将白豆腐干切成丁；面条用适量水煮熟，用凉开水过凉，剪成短段，备用；鸡蛋打匀，用热植物油摊成薄蛋饼，待冷却后切成丝；胡萝卜丝用开水焯一下，沥干。

2. 炒锅中放入植物油烧热，爆香葱头末、蒜末，放入猪瘦肉末、白豆腐干丁，拌炒出香味，加入酱油、食盐、高汤，炒至汤汁收浓时装碗。

3. 将炒好的豆腐干肉酱倒在面条上，再放上鸡蛋丝、黄瓜丝、胡萝卜丝，拌匀即可。

宝贝营养指南：

鸡蛋丝、黄瓜丝、胡萝卜丝、猪瘦肉、白豆腐干搭配面条，非常合幼儿的口味。这款营养餐含有蛋白质、维生素A、维生素D、B族维生素和钙、铁、磷等多种矿物质，作为主食可常吃，有益于幼儿全面摄取营养。

食材

黄鱼肉 100 克，鸡蛋 1 个，牛奶 50 毫升，葱头 25 克，植物油、面粉各适量，食盐少许。

香煎黄鱼饼

妈咪巧手做：

1. 将黄鱼肉洗净，剁成泥；葱头去皮，洗净切成细末。
2. 将黄鱼肉泥放入碗内，加入葱头末、鸡蛋、牛奶、食盐、面粉，搅成稠糊状的鱼肉馅，待用。
3. 平底锅置火上，放入植物油烧热，把鱼肉馅制成 8 个小圆饼，入锅煎至两面呈金黄色并熟透即可。

宝贝营养指南：

黄鱼肉含有丰富的优质蛋白质和钙、磷、铁、锌及维生素 A、维生素 B_1、维生素 B_2、维生素 C、维生素 E 和烟酸等多种营养素，有健脾开胃、安神益气的功效，对贫血、失眠、头晕、食欲不振有良好的改善作用，是给幼儿补充营养的理想选择。幼儿身体虚弱、食欲不佳时食用黄鱼，既可改善食欲，又能调养身体，促进健康。

食材

番茄 30 克，洋葱丁 20 克，圆椒丁 15 克，茄子 50 克，小黄瓜 15 克，橄榄油 15 毫升，食盐少许。

烩炒五蔬

妈咪巧手做：

1. 将番茄用热水烫一下，去皮，切成丁；茄子去皮，切成小块；小黄瓜切成丁。
2. 橄榄油下锅烧热，加入洋葱丁炒香，接着放入茄子块、圆椒丁、小黄瓜丁同炒片刻，加少许水，用大火烩炒至熟。
3. 加入番茄丁炒匀，待所有蔬菜熟软后加食盐调味即成。

宝贝营养指南：

以不同种类的蔬菜组合烹调，有利于激发幼儿对蔬菜的兴趣并摄入丰富的维生素，避免发生偏食。如果加一些高汤来烩炒，口味、营养会更佳。

食 材

银鱼 50 克，鸡蛋 3 个，葱白末 10 克，食盐、香油各少许，花生油适量。

鲜银鱼煎蛋卷

妈咪巧手做:

1. 将银鱼泡洗干净，沥干，切得碎一些；鸡蛋打入碗中搅匀，加入银鱼、食盐、香油拌匀。
2. 锅中倒入花生油烧热，倒入拌好的银鱼蛋液推成蛋饼，煎至半熟时放入葱白末。
3. 用锅铲将蛋饼卷成圆筒状，再以中火煎至熟透，盛出切成小段即可。

宝贝营养指南:

银鱼含钙相当丰富，其他各类营养素亦很全面，加上鱼骨极为细软，易被人体消化吸收，对幼儿骨骼发育和身体健康很有益。银鱼还可润肺、补脾胃，搭配鸡蛋，很适宜体质虚弱、营养不足的幼儿食用。

食 材

卷心菜叶 5 片，猪肉末 150 克，番茄酱 50 克，洋葱末 50 克，鸡蛋 1 个，海带丝 15 克，植物油、高汤各适量，姜末、香油、食盐各少许。

茄香菜肉卷

妈咪巧手做:

1. 将猪肉末、洋葱末、鸡蛋、姜末、香油、食盐同放入碗中，顺一个方向拌匀，腌渍 30 分钟；卷心菜叶放入沸水中烫软，取出沥干。
2. 取 1 片卷心菜叶，铺上适量拌好的肉馅，卷成卷，用海带丝在中间位置打上结固定。依同法把菜卷全部做好，摆入刷了植物油的蒸盘中，放入蒸锅隔水蒸熟后备用。
3. 炒锅置火上，放入少许植物油烧热，下入番茄酱炒匀，加入高汤和食盐，放入肉菜卷，以中火烧至入味时出锅。

宝贝营养指南:

猪肉能滋养脏腑，补肝肾，养血气，健体强身，对羸瘦、贫血有改善作用，与蔬菜和番茄酱组合，能促进食欲，平衡营养摄取，对健康发育很有帮助。

香煎蛋肉卷

食材

猪瘦肉泥150克，鸡蛋3个，植物油适量，儿童酱油、食盐、葱末、姜末、淀粉各少许。

妈咪巧手做：

1. 猪瘦肉泥加葱末、姜末和少许清水搅匀，再加入食盐、儿童酱油调制成馅。
2. 将两个鸡蛋磕入碗内，加一点食盐、淀粉搅匀，用少许植物油摊成2张薄蛋皮；另一个鸡蛋和淀粉混合，加少许水，调和成蛋糊。
3. 每张鸡蛋皮从中间划成两半，铺在案板上，抹上蛋糊，铺匀肉馅，再卷成蛋卷，用蛋糊封口，下入烧热植物油的锅中煎熟后盛出，擦去表面油分，切成小段装盘。

宝贝营养指南：

猪瘦肉和鸡蛋可提供优质蛋白质，对肝脏组织的损伤有修复作用，蛋黄中丰富的卵磷脂还可促进肝细胞再生，补脑健脑。蛋卷亦可先蒸至八九成熟后再煎制。

牛肉夹心土豆

食材

土豆2个，牛肉末150克，胡萝卜末60克，鸡蛋液、姜末、淀粉、干面包屑、生抽、食盐、植物油各适量。

妈咪巧手做：

1. 牛肉末中加姜末、生抽、食盐和少许植物油拌匀；土豆洗净，煮熟后去皮，压成泥，加淀粉搓匀。

2. 锅中烧热植物油，放入牛肉末、胡萝卜末炒透。

3. 取适量土豆泥做皮料，搓圆，压扁，包入炒好的牛肉胡萝卜当馅，捏好后揉成球状，裹匀鸡蛋液、干面包屑，下入热植物油锅中炸至微呈金黄色时即可。也可加一些鲜汤蒸食。

宝贝营养指南：

土豆与牛肉、胡萝卜同入菜，为极佳的食物组合，高蛋白，富含维生素和微量元素，营养全面，有理想的补血健骨、调理虚弱的作用。而新鲜的食物做法还有利于激发幼儿的食欲。

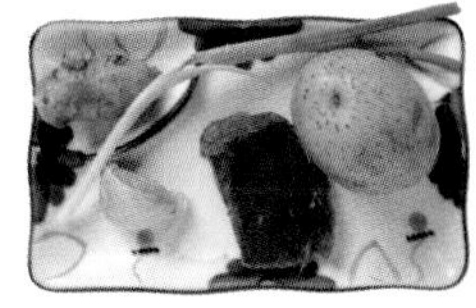

食材

净鸡肉 100 克，鸡蛋 2 个，荸荠 50 克，花生油 15 毫升，食盐、白砂糖、番茄汁、湿淀粉各少许。

双鲜炒鸡片

妈咪巧手做：

1. 将鸡肉切成薄片，加湿淀粉拌匀；鸡蛋磕入碗内，加少许食盐打散；荸荠去皮，洗净后切成片。
2. 锅内放入花生油烧热，倒入鸡蛋炒至凝固、呈金黄色时出锅。
3. 原锅再放花生油，把鸡肉片、荸荠片炒至九成熟，加入番茄汁、食盐、白砂糖，倒入鸡蛋，炒匀即可。

宝贝营养指南：

鸡蛋突出的特点是富含优质的蛋白质、卵磷脂和 DHA（俗称“脑黄金”）等，对神经系统健康有重要作用，可促进幼儿大脑发育和智力增长，有助于改善各年龄段孩子的记忆力。鸡蛋搭配鸡肉、荸荠，营养互补且易消化，能滋补养身，还对改善营养不良和提高抗病能力有益。

食材

鸡蛋 2 个，猪肉馅 100 克，香菇末、胡萝卜末各 15 克，高汤、食盐、酱油、湿淀粉、植物油各适量。

浇汁肉丸酿蛋

妈咪巧手做：

1. 将鸡蛋放入凉水锅中，置火上煮熟，过凉后去壳，切成两半，取出蛋黄。
2. 猪肉馅中加入鸡蛋黄、食盐、酱油拌匀，制成丸子，酿入鸡蛋中，放入蒸锅中蒸熟。
3. 锅中烧热植物油，炒香香菇末、胡萝卜末，加入食盐、高汤烧开，用湿淀粉勾芡，浇在肉丸鸡蛋上即可。

宝贝营养指南：

鸡蛋虽含有丰富的营养物质，但其胆固醇的含量也较多，所以不宜每日大量给孩子食用，一般最多不超过 2 个。

食 材

鸡蛋 2 个，猪瘦肉 200 克，肥肉 25 克，雪菜末 30 克，儿童酱油、食盐、姜末、香油、植物油各少许。

肉饼太阳蛋

妈咪巧手做：

1. 将猪瘦肉、肥肉洗净，剁成细末盛碗，打入 1 个鸡蛋搅匀，再加雪菜末、儿童酱油、食盐、姜末、香油，顺一个方向搅拌，制成馅。

2. 将拌好的猪肉馅平铺在刷了一层植物油的蒸盘里制成圆饼状，把另一个鸡蛋磕在上面，然后放入烧开水的蒸锅中蒸至熟透即可。

宝贝营养指南：

成菜造型可爱，美味适口，所含营养素全面，可健脑益智，强筋壮骨，促进发育，还可防止因营养缺乏导致的食欲不振，偏食和胃口不佳。

在给孩子配餐时，要注意搭配些蔬菜、豆制品，荤素平衡才更有助于防止孩子偏食。

食 材

白菜 400 克，火腿末 15 克，虾米 10 克，牛奶 80 毫升，湿淀粉 15 克，鲜汤、植物油各适量，鸡精、食盐、香油、姜末各少许。

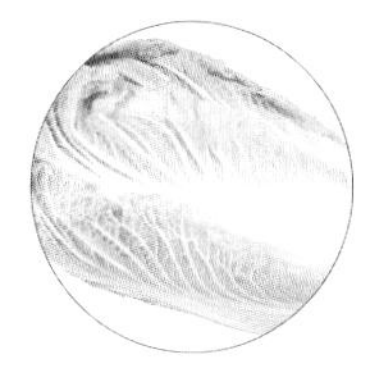

奶汁焖白菜

妈咪巧手做：

1. 将白菜洗净，每片均切成长条块。

2. 炒锅内放入植物油烧至七成熟，将白菜块下锅炸至微黄时捞出控净油。

3. 原锅留少许油，下姜末炝锅，倒入白菜，放入牛奶、虾米、食盐、鸡精和鲜汤，用小火焖至汤汁收浓，放入火腿末，用湿淀粉勾芡后翻锅，淋入香油即可。

宝贝营养指南：

白菜含有多种维生素和钙、磷、铁、锌、等矿物质及粗纤维，多吃白菜，能很好地保护皮肤，促进伤口愈合。白菜中的纤维素可促进肠壁蠕动，消食通便，还能促进人体对动物蛋白质的吸收。此菜加入牛奶和虾米，增加了幼儿对蛋白质和钙的摄取。

香菇虾仁蒸蛋

食材

鲜虾仁50克，鸡蛋2个，鲜香菇2朵，香油5毫升，葱花、食盐、淀粉各少许。

妈咪巧手做：

1. 将鲜虾仁挑除泥肠后洗净，沥干水分，加入食盐、淀粉拌匀；鲜香菇择洗干净，切成小薄片。
2. 将鸡蛋打入碗内搅匀，加入虾仁、香菇片，再加少许食盐和适量水调匀，淋入香油，上笼蒸10分钟至嫩熟，撒上葱花即可。

宝贝营养指南：

香菇和虾仁的营养十分全面，也都是补充锌的良好食物来源，和富含DHA（二十二碳六烯酸，俗称“脑黄金”）、卵磷脂、维生素B_2的鸡蛋搭配，营养互为补充，更可促进幼儿生长发育。给幼儿吃鸡蛋，烹调方法以煮、蒸为佳，营养保存得好，且易消化。

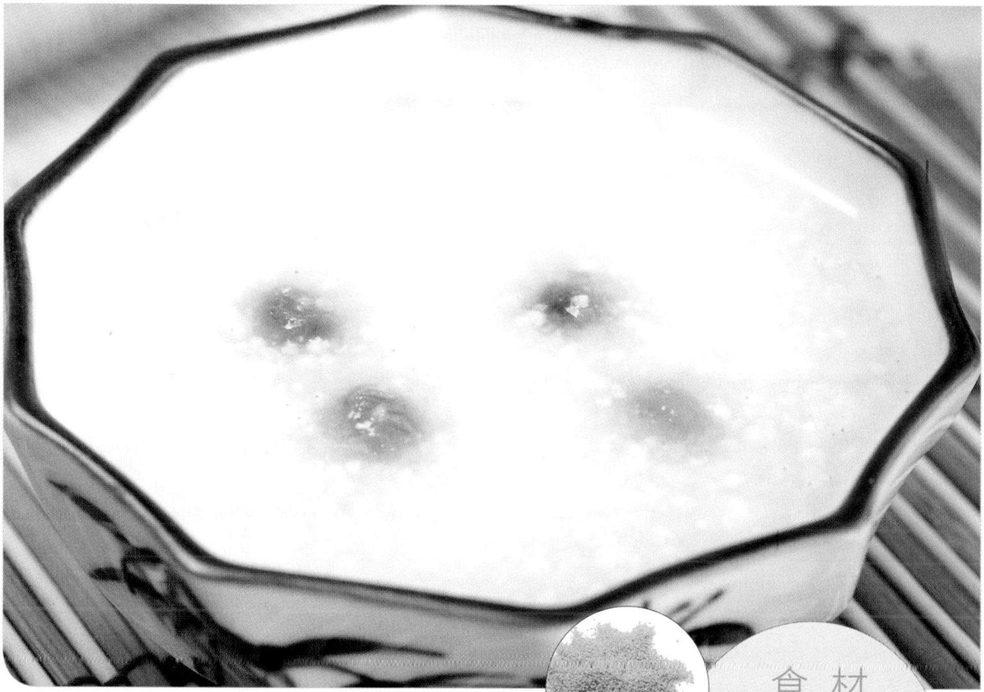

桂圆小米粥

食 材

桂圆肉 50 克，
小米 100 克，
白砂糖少许。

妈咪巧手做：

1. 将小米淘洗干净，桂圆肉洗净备用。
2. 砂锅置火上，放入小米、桂圆肉，添加适量水，用大火煮沸后改用小火煮至粥熟。
3. 调入白砂糖稍煮即可。

宝贝营养指南：

小米中的维生素 B_1、维生素 B_2 是大米的几倍，矿物质含量也高于大米，小米的蛋白质中含较多的色氨酸和蛋氨酸，有预防大脑衰老、预防消化不良和滋阴养血的作用。常吃小米粥、小米饭有益于大脑保健，对缓解压力大有裨益。桂圆肉具有养血安神、补血养心、安神益智之效，但桂圆不宜过量食用，否则容易引起气滞、腹胀、上火、食欲减退等症状。

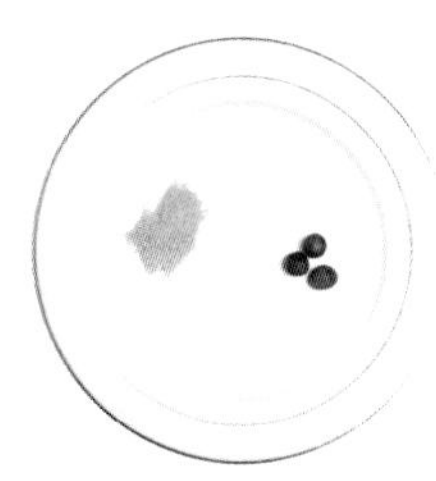

食 材

细面条 100 克，猪肉丝 30 克，鲜香菇 2 朵，千张 30 克，熟咸鸭蛋半个，青蒜 20 克，高汤 3 大匙，食盐、酱油、葱花、蒜末各少许，植物油各适量。

五鲜炒面

妈咪巧手做：

1. 将香菇洗净切成小条；千张切成小条；青蒜洗净后切成小段；咸鸭蛋去壳后切成丁；细面条煮熟，稍凉后剪短。
2. 炒锅内放入植物油烧热，爆香葱花、蒜末、加入猪肉丝翻炒片刻，再放入切好的香菇、千张、青蒜，拌炒至猪肉丝变白、香味浓郁，加入细面条、高汤、咸鸭蛋丁、食盐、酱油，炒至汤汁收干即可。

宝贝营养指南：

2 岁半以上的孩子每天的食物要以谷类食物为主，供给各种肉类、蛋类，并辅以足量的各种蔬菜。面条可提供热量和优质植物蛋白，添加营养丰富的豆类、瘦肉和蔬菜，使营养更加全面，增加了蛋白质和各种维生素、矿物质的摄取，有利于促进幼儿生长发育，强化骨胳与牙齿。

食 材

鲜虾仁 20 克，螃蟹肉 10 克，青豆苗 50 克，面粉 30 克，食盐、鸡精、油各少许。

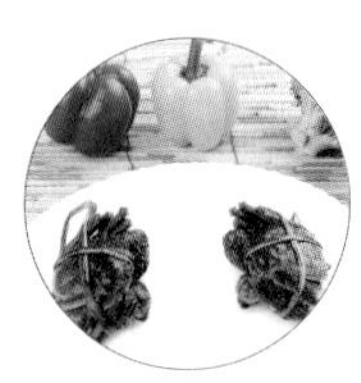

海鲜丸子汤

妈咪巧手做：

1. 把鲜虾仁、螃蟹肉剁成泥，搅拌均匀，放在面粉里，裹成丸子。
2. 把青豆苗洗净，切小段。
3. 锅内加水，把海鲜丸子放入，等浮起来之后，加青豆苗，稍煮一会，再放盐、鸡精调味就好了。

宝贝营养指南：

虾与蟹都是水产食品，都含丰富的蛋白质。虾营养价值很高，其肉质和鱼一样松软，易消化，同时含有丰富的矿物质（如钙、磷、铁等）。海虾还富含碘，对人类的健康极有裨益。

食 材

鹌鹑蛋 20 个，香菇 100 克，火腿片 50 克，植物油、食盐、鸡汤、酱油、香油、湿淀粉各适量。

香焖虎皮鹌鹑蛋

妈咪巧手做：

1. 将鹌鹑蛋煮熟，过凉后剥去壳，抹上酱油、湿淀粉；香菇洗净后切成小块。

2. 植物油入锅烧热，放入鹌鹑蛋炸至微微金黄时捞起。

3. 锅内留底油，下入火腿片、香菇块炒香，加入鸡汤和鹌鹑蛋，用中火焖透，调入食盐、香油即可。

宝贝营养指南：

鹌鹑蛋的营养价值不亚于鸡蛋，可补益气血、强筋壮骨、健脑益智、养肝清肺。搭配其他食物烹调不仅营养全面，还能增进孩子的食欲。

食 材

鱼腩肉 150 克，老豆腐 200 克，蒜蓉 10 克，植物油 20 毫升，葱花、鸡汁、食盐、儿童酱油、香油、淀粉各少许。

蒜香鱼泥蒸豆腐

妈咪巧手做：

1. 将鱼腩肉洗净，剁成泥，加入鸡汁、食盐、儿童酱油、香油拌匀。

2. 老豆腐切成 8 块，中间挖出一个槽，沾上少许淀粉，酿入鱼泥后装盘。

3. 锅烧热约 10 毫升植物油，放入蒜蓉、食盐炒香，加少许水烧成汁，浇在鱼泥豆腐上，上笼蒸熟，撒上葱花，再浇上少许热植物油即可。

宝贝营养指南：

豆制品和鱼肉都有补脑养脑和抗疲劳的功效，富含优质蛋白质和钙、铁、磷、硒等多种矿物质及 B 族维生素，能及时补充因频繁脑力劳动而消耗的大量营养素，提高脑神经的活性。当孩子身体羸瘦、记忆力下降、营养不良时，用豆腐搭配鱼肉、海带或瘦肉等食用，会有很好的改善。

双味豆腐肉饼

食材

油菜心200克，豆腐200克，瘦肉末60克，香菇、水发黄花菜各30克，花生油15毫升，姜末、葱末、香油、食盐各少许。

妈咪巧手做：

1. 将油菜心洗净，取中间最嫩的菜心备用；香菇切成末；发好的黄花菜切成末。
2. 豆腐焯水后用刀侧压成泥状，加入瘦肉末、香菇末、黄花菜末、食盐、香油拌匀，制成饼状，放入抹了一层花生油的盘中，上笼蒸10分钟至熟。
3. 炒锅内放入花生油烧热，放入葱末、姜末煸香，下入油菜心，加少许食盐炒熟，将油菜心装盘垫底，上面放上蒸好的豆腐饼即可。

宝贝营养指南：

油菜含钙量在绿叶蔬菜中最高，还含有丰富的维生素，有助于幼儿增强免疫力，维持骨骼的健康发育。豆腐健脑，可促进大脑发育。但小儿消化不良者和易腹泻者不宜吃豆腐。

食 材

嫩莲藕200克，瘦肉50克，葱、姜各10克，香菇10克，鸡蛋1个，花生油500克，盐10克，白砂糖3克，湿淀粉30克，鸡汤50克。

红烧莲藕丸

妈咪巧手做：

1. 将嫩莲藕去皮切成小碎粒；瘦肉切碎，剁成泥；香菇切成小碎粒；姜切成片；葱切段。

2. 把莲藕、肉泥、香菇米拌匀，打至起胶，做成小肉丸。

3. 烧锅下油，待油温150℃时，放入莲藕丸，炸至外黄里熟时捞起。锅内留油少许，放入姜片、葱段煸香后再投入炸肉丸，倒入鸡汤烧开，然后调入盐、白砂糖烧透，最后用湿淀粉打芡即成。

宝贝营养指南：

莲藕能散发出一种独特的清香，还含有鞣质，有一定的健脾止泻作用，能增进食欲，促进消化，开胃健中，有助于胃口不佳、食欲不振者恢复健康。

食 材

鱼片 300 克，胡萝卜 200 克，玉米粒 50 克，青、红辣椒各 1 个，鸡蛋 1 个，莴笋 1 根，胡椒粉适量。

彩色鱼丁

妈咪巧手做：

1. 把鱼片洗净切成丁。
2. 把胡萝卜、青红椒、莴笋都切成小丁；把鸡蛋打成蛋液。
3. 小锅加水烧开，水沸腾时下入胡萝卜丁，煮 3~4 分钟，捞出沥水。
4. 炒锅内倒少量油，烧至八成热，把鱼丁煎黄，捞起。
5. 再倒入玉米粒、莴苣丁、胡萝卜丁、青红椒丁继续翻炒。
6. 最后加入鱼丁、胡椒粉和少许水，略煮一下，至水分差不多干时就可以起锅装盘了。

宝贝营养指南：

彩色鱼丁是一道大杂烩式的菜， 因为用到的食材比较多，除了鱼之外还用到了胡萝卜、青红椒、玉米粒等不同颜色的食材，混合在一起的味道也是十分美味，而且最重要的是其营养丰富。这道菜色彩缤纷，看上去很漂亮，宝宝一定会喜欢。

食 材

胡萝卜 1 根，鸡蛋 2 个，饭 1 碗，葱 1 根，淀粉、葱姜汁、植物油、食盐各少许。

蛋卷蔬菜饭

妈咪巧手做：

1. 将胡萝卜切碎。
2. 锅内放入植物油，烧至四成热，下入胡萝卜炒熟。
3. 倒入葱姜汁、米饭，迅速翻炒至胡萝卜和米饭均匀，装盘待用。
4. 将鸡蛋磕出打散，加入淀粉拌匀，倒入锅中，开中小火，迅速转动锅子摊平蛋液，然后继续煎至凝固。
5. 把摊好的蛋饼小心地揭下来，放在板子上，上面摊一层胡萝卜炒饭，卷起切成小段，摆盘即可。

宝贝营养指南：

胡萝卜益肝明目，含有丰富的胡萝卜素和膳食纤维。这是一道具有创意的菜，结合了胡萝卜、蛋卷的营养、美味，有新意。

食 材

鲜虾仁 40 克，鸡蛋 1 个，豆腐 30 克，淀粉、葱姜汁、植物油、鲜汤、食盐、鸡汁各少许。

蛋皮虾仁如意卷

妈咪巧手做：

1. 将鸡蛋磕出打散；虾仁剁成泥状，调入豆腐、盐、淀粉和芝麻香油拌匀成馅料，待用。
2. 中火烧热煎锅，在锅底抹少量的油，倒入蛋液，将其煎成薄蛋皮，取出。
3. 将调好的馅料均匀地铺在蛋皮上，然后从一头卷起，卷成卷儿。
4. 将卷好的蛋皮卷码入盘中，放入蒸锅中用大火蒸 10 分钟，取出，食用前切成小段即可。

宝贝营养指南：

鸡蛋和虾仁都是富含优质蛋白质的食物，且两者含钙量都很丰富，加上蔬菜中的各种营养成分（如：胡萝卜中丰富的 β－胡萝卜素）的搭配，特别适合 2~3 岁的幼儿食用。

食 材

鹌鹑 400 克，豆豉酱 15 克，香菇、葱、蒜、食用油、食盐、味精、蚝油、料酒、胡椒粉、香油、姜片、淀粉、红枣、枸杞子各适量。

香菇蒸鹌鹑

妈咪巧手做：

1. 将鹌鹑洗净剁成块，香菇切片，红枣泡透，枸杞子洗净，生姜切片，葱切段。
2. 在鹌鹑块中调入食用油、盐、味精、蚝油、料酒、胡椒粉、香油、姜片、葱段、淀粉拌匀，摆入盘内，在上面撒上香菇、红枣、枸杞子。
3. 将蒸锅烧开，放入装鹌鹑的盘子，用大火蒸 8 分钟即可。

宝贝营养指南：

鹌鹑肉适宜于营养不良、体虚乏力、贫血头晕等症的患者食用。其含量丰富的卵磷脂，可生成溶血磷脂，抑制血小板过度凝聚，可阻止血栓形成，保护血管壁。磷脂是高级神经活动不可缺少的营养物质，具有健脑作用。

煎蔬菜牛肉卷

食材

嫩牛肉150克，胡萝卜丝50克，扁豆丝30克，土豆丝50克，莴笋丝50克，花生油适量，食盐、鸡汁各少许。

妈咪巧手做：

1. 将嫩牛肉洗净，切成大薄片，用一点点食盐拌匀腌渍一下。
2. 将胡萝卜丝、土豆丝、扁豆丝、莴笋丝都下入开水锅中，煮至七成熟，控干水后加少许食盐、鸡汁拌匀。
3. 将嫩牛肉片平铺于案板上，每片上都放上等量的土豆丝、胡萝卜丝、扁豆丝、莴笋丝，卷成卷。
4. 锅置火上，烧热花生油，放入牛肉蔬菜卷，边翻动边煎至熟透即可。

宝贝营养指南：

牛肉高蛋白、低脂肪，氨基酸组成比猪肉更接近人体需要，有消化吸收率高的特点，对幼儿生长发育、补充营养及身体调养、补血等方面特别有益。用多种蔬菜与牛肉做出五彩缤纷的肉卷，有利于提高幼儿的食欲，让其多吃蔬菜，以满足生长发育的需要，并提高免疫力。幼儿的消化能力尚弱，故一定要选择嫩牛肉或小牛肉，同时不宜食用过多。

黄瓜烩鲜虾

食材

大虾150克，黄瓜丁100克，1个鸡蛋的蛋清，香菜段、湿淀粉、葱姜汁、植物油、鲜汤、食盐、鸡汁各少许。

妈咪巧手做：

1. 将大虾去掉头尾，剥壳，处理干净，从其背部中间片成两片，用部分葱姜汁、食盐、鸡汁腌渍入味，再用鸡蛋清、湿淀粉拌匀。
2. 锅内放入植物油，烧至四成热，下入腌好的大虾片滑透，捞出沥油。
3. 锅内留底油，放入剩余的葱姜汁、食盐、鸡汁和鲜汤烧开，放入大虾片和黄瓜丁炒匀，加入香菜段，出锅。

宝贝营养指南：

虾是优质蛋白质的良好来源，含丰富的钙、钾、碘、镁、磷等矿物质及维生素A、氨茶碱等成分，能防止缺钙，补充镁的不足。黄瓜含有人体生长发育和生命活动所必需的多种糖类、维生素、膳食纤维，能为皮肤、肌肉提供充足的养分，并可防止唇炎、口角炎，还有利尿功效，很适合肥胖儿童食用。此菜对幼儿身体虚弱有很好的调养作用，还能保护心脏及心血管系统的健康。

食材

鸡胸肉 400 克，豆豉酱 15 克，大葱段、蒜、姜、食用油、酱油、香油、食盐、葱花、淀粉各适量。

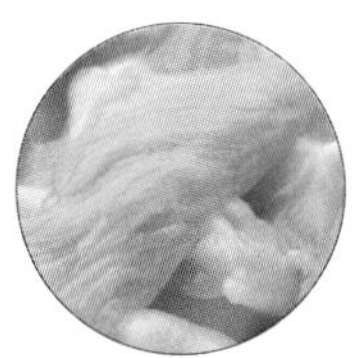

豆豉鸡丁

妈咪巧手做：

1. 鸡胸肉去除筋，切成丁，放入葱花、姜末、1 小勺酱油、1 小勺香油、1 小勺淀粉腌制 10 多分钟，再用淀粉拌匀。
2. 锅热后放入油，放入大葱段、姜、蒜，爆香后放入豆豉酱，以中火爆香，再倒入鸡丁炒至表面泛白，最后放入葱花、蒜，出锅前调入适量的盐就可以了。

宝贝营养指南：

鸡肉肉质细嫩，滋味鲜美，并富有营养，有滋补养身的作用。鸡肉中蛋白质的含量比例很高，而且消化率高，很容易被人体吸收利用，有增强体力、强壮身体的作用。加上豆豉，使这道菜鲜美可口，咸淡适中，具豆豉独特的香味。

食材

扇贝 150 克，绿豆粉丝 20 克，蒜蓉、姜丝、葱花、油、盐、生抽、豉油、蚝油、葱各适量。

蒜蓉粉丝蒸扇贝

妈咪巧手做：

1. 将扇贝用牙刷刷干净外壳，用小刀伸进去把扇贝撬开，留下有肉的半边，沿着壳壁把贝肉取下。贝肉后面的内脏要去除，裙边下面的鳃也要去除。
2. 粉丝泡软后，取适量放在扇贝上，摆进蒸锅，蒸至上气后 2~3 分钟就行了。
3. 起锅把油烧热，煸香蒜蓉、姜蓉，加入葱花、盐、生抽、豉油、蚝油等，炒成蒜蓉酱汁。
4. 将蒸好的粉丝和扇贝装盘，将蒜蓉酱汁浇上去就可以了。

宝贝营养指南：

扇贝的营养十分丰富，是高蛋白、低脂肪的贝类，是补钙、补铁的佳品。粉丝选用绿豆粉丝，有清热解毒的功效，适合夏季食用。此菜适宜脾胃虚弱、气血不足、营养不良、食欲不振、消化不良的幼儿食用。

食 材

红薯1个，鸡蛋1个，面粉、白砂糖、植物油各适量。

红薯蛋饼

妈咪巧手做：

1. 将红薯洗干净切成厚片，上蒸锅蒸熟，趁热用勺子压成红薯泥。

2. 放入面粉和白砂糖，打入鸡蛋，和成面团。（根据红薯的水分多少来添加面粉。）

3. 将面团分成若干个小面团，搓成圆圆的饼干样。

4. 热锅放少许油，烧热，放入红薯饼坯，煎至两面金黄即可。

宝贝营养指南：

红薯营养丰富，既能代替米粮当主食，又可当菜肴佐餐。红薯味甘、性平，具补虚乏、益气力、健脾胃、强肾阴等功效。可活血、止血、生津止渴、宽肠胃、通便秘等。

食 材

面粉125克，果酱50克，黄油30克，泡打粉1匙，牛奶250毫升，鸡蛋1个，食盐少量。

果酱薄饼

妈咪巧手做：

1. 将面粉和泡打粉过筛，加入鸡蛋、牛奶、盐搅拌均匀。

2. 将黄油加热成液态，倒入上面和好的面粉中。

3. 平底锅内放少许油，开小火，舀一勺面粉糊入锅摊平，煎至两面金黄后出锅。

4. 把薄饼卷好，剪成小段，淋上果酱即可。

宝贝营养指南：

此饼松软、香甜，含有丰富的蛋白质、脂肪、糖类、钙、磷、铁、锌及维生素 A、维生素 B_1、维生素 B_2、维生素 C、维生素 D、维生素 E 和烟酸。

草莓绿豆粥

食 材

大米 100 克，绿豆 50 克，草莓 100 克，白砂糖适量。

妈咪巧手做：

1. 将绿豆挑去杂质，淘洗干净，用清水浸泡 3 小时；草莓择洗干净，每颗切成两半。

2. 大米淘洗干净，与泡好的绿豆一并放入锅内，加入适量清水，用大火煮沸，转小火煮至粥烂熟，加入草莓、白砂糖搅匀，再稍煮即可。

宝贝营养指南：

此粥各种营养素全面。绿豆有润肺生津、清热、健脾、和胃的功效，可治消化不良、大便秘结。草莓对调理便秘和贫血有益。喝此粥可增食欲、助消化、养胃、防便秘。

PART 4

吃出聪明和健康：

1~3 岁幼儿身体调理营养餐

baby food

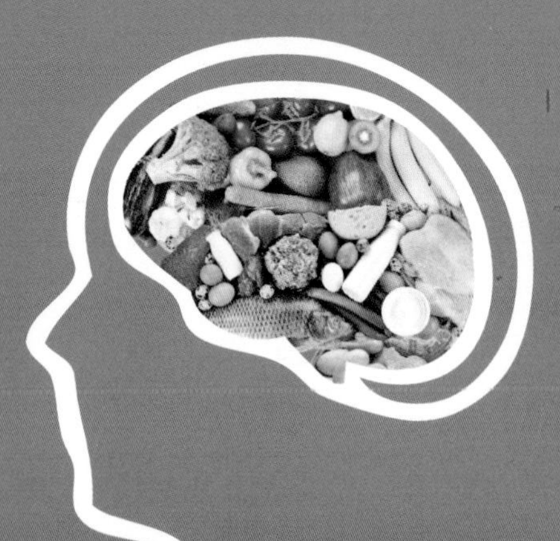

补脑益智营养餐

幼儿补脑所必需的营养

幼儿的智力除了受先天因素、一定的社会环境及教育影响外，平时家长在替孩子准备膳食时，也可为其智力发育提供良好的条件。食物中的某些营养素与大脑的生长发育有关，通过调节膳食中的营养素可为幼儿补脑。

蛋白质：它是构成脑细胞和脑细胞代谢的重要营养物质，可以为脑细胞提供营养，使大脑保持旺盛的记忆力，提升注意力和理解能力。因此，给幼儿补充优质蛋白质是提高脑细胞活力的重要保证，否则大脑会发育不良。植物性食物中以花生和大豆的蛋白质含量较高，而动物蛋白质则以鱼类和肉类含量较高。

磷脂：它是人体细胞的主要成分，在脑细胞和神经细胞中含量最多。磷脂具有增强大脑记忆力的功能，且与神经传递有关，与大脑反应的灵敏度有关。幼儿正处在生长发育阶段，为了促进大脑的发育和健康，应适当食用动物的脑髓、猪肝、猪肾、鸡蛋以及大豆等食物。

谷氨酸：能改善大脑机能，对某些痴呆病有一定的治疗作用。幼儿应多吃含谷氨酸的食物，如牛肉、大米、黄豆、奶酪和动物肝脏等。

磷：它是大脑活动必需的一种介质，是组成脑磷脂、卵磷脂和胆固醇的主要成分，它还参与神经纤维与细胞膜的生理活动，参与糖和脂肪的吸收和代谢。适当摄入含磷丰富的食物（如虾皮、干贝、豆类、牛奶等）非常有益于大脑的智力活动。

维生素 B_1 和烟酸：这两类营养素通过对糖代谢的作用而影响大脑对能量的需求。维生素 B_1 含量较丰富的食物有酵母、麦胚、牛奶、瘦肉、动物内脏、豆类及谷类；而烟酸含量较丰富的食物有花生、谷类、瘦肉及动物内脏等。

微量元素：幼儿缺锌、铜、锂、钴会影响智力发育，甚至引起某些疾病，如大脑皮质萎缩、神经发育停滞等。其中锌、铜对促进孩子发育、提高智力有重要作用。含锌丰富的食物有牡蛎、鱼、肉类、肝、蛋、花生、核桃等；而含铜较为丰富的食物有动物肝脏和肾脏、肉类、豆制品及叶类蔬菜、坚果类等。

适宜幼儿的补脑食物

许多补脑健智的食品并非昂贵难觅，而恰恰是廉价又普通之物，以下几种食品就对大脑十分有益，家长可为幼儿选择。

牛奶：一种近乎完美的营养品。它富含蛋白质、钙及人体必需的氨基酸。牛奶中的钙最易被人吸收，是脑代谢不可缺少的重要物质。此外，它还含对神经细胞十分有益的维生素 B_1。如果用脑过度而导致失眠，睡前喝一杯热牛奶会有助入睡。

鸡蛋：大脑活动功能、记忆力强弱与大脑中乙酰胆碱含量密切相关。实验证明，当蛋黄中所含丰富的卵磷脂被酶分解后，能产生出丰富的乙酰胆碱，进入血液后又会很快到达脑组织中，可增强记忆力。国外研究证实，每天吃 1 ~ 2 个鸡蛋就可以向机体供给足够的胆碱，对保护大脑和提高记忆力大有好处。

鱼肉：它们可以向大脑提供优质蛋白质和钙，淡水鱼所含的脂肪酸多为不饱和脂肪酸，不会引起血管硬化，对脑动脉血管并无危害，相反，还能保护脑血管，对大脑细胞活动有促进作用。

小米：小米中所含的维生素 B_1 和维生素 B_2 分别高于大米 1.5 倍和 1 倍，其蛋白质中含较多的色氨酸和蛋氨酸，因此，平时常吃点小米粥、小米饭，将益于大脑的保健。

玉米：玉米胚中富含亚油酸等多种不饱和脂肪酸，有保护脑血管和降血脂的作用。尤其是玉米中谷氨酸含量较高，能帮助促进脑细胞代谢，常吃些玉米，尤其是鲜玉米，具有健脑作用。

黄花菜：人们常说，黄花菜是“忘忧草”，能“安神解郁”。对于神经过度疲劳的人来说，可经常食用，以防治神经衰弱和失眠。但要注意的是，黄花菜不宜生吃或单炒，鲜品更须忌食，以免中毒，以干品泡发后再煮为宜。

橘子：橘子含有大量维生素 A、维生素 B_1 和维生素 C，属典型的碱性食物，可以消除酸性食物摄入过多对神经系统造成的危害。

菠菜：菠菜虽廉价而普通，但它属健脑蔬菜，因为菠菜中含有丰富的维生素 A、维生素 C、维生素 B_1 和维生素 B_2，是脑细胞营养的“最佳供给者”之一。此外，它还含有大量叶绿素，也具有健脑益智的作用。

大豆及其制品：大豆含大脑所需的优质蛋白和 8 种人体必需的氨基酸，能强化脑血管的功能，抑制胆固醇在体内的积累，预防心血管病。

芝麻与核桃：这两种食品均有补气、强筋、健脑的功效。

桂圆与红枣：桂圆含有磷脂和胆碱，有助于神经功能的传导；红枣能健脾开胃、理气解郁，对防治神经衰弱有明显疗效。

各种脑髓食物：动物的脑髓都含大量脑磷脂和卵磷脂，是大脑的滋补佳品。

银鱼：营养价值非常高，属高蛋白、低脂肪食品，在银鱼蛋白质中，氨基酸组成较为理想，人体必需的氨基酸含量较高，其他各类营养也较为丰富，有很好的补脑作用。

鹌鹑蛋：含有丰富的卵磷脂和脑磷脂及 DHA（俗称“脑黄金”），这些都是是高级神经活动不可缺少的营养物质，有健脑作用。

松子炒鱼仁

食材

松子仁50克，净鱼肉200克，1个鸡蛋的蛋清，葱末、姜末各5克，淀粉15克，湿淀粉、香油、食盐、鲜汤、植物油各适量。

妈咪巧手做：

1. 将鱼肉切成小丁，加食盐、鸡蛋清、淀粉抓匀上浆。
2. 炒锅内放入植物油烧热，下入鱼肉丁滑透后捞出，再放松子仁，炸香后倒入漏勺沥油。
3. 锅留底油，爆香葱末、姜末，放鲜汤、食盐炒匀烧开，用湿淀粉勾芡，放入鱼肉丁、松子仁炒匀，淋上香油出锅。

宝贝营养指南：

松子仁中含丰富的磷、锰及维生素E和铁，对大脑、神经有极佳的补益作用，能促进神经的传递功能，补充脑力，还可消除疲劳，帮助气血循环，延缓细胞老化及改善贫血。松子仁同富含优质蛋白质和矿物质成分的鱼肉组合，营养互补，能健脑增智。而鱼肉脂肪中含有对神经系统具有保护作用的Ω-3脂肪酸，有助于补脑健脑。每周适当给幼儿吃些鱼，有助于加强神经细胞的活动，从而提高幼儿的学习能力和记忆力。

食材

鲫鱼1条，豆腐、猪血、盐、姜、葱、各适量。

鲫鱼红白豆腐汤

妈咪巧手做：

1. 将鲫鱼收拾干净，沥水；豆腐、猪血，切成块或片，撒上盐；老姜取半块切丝，留下半块作擦锅用；小葱、葱白切寸段，葱叶切碎。

2. 炒锅烧干、烧热，用刚才留的那半块姜擦锅后再于油烧得开始冒烟时，将鱼放进去煎成金黄色，适当转锅，待一面煎好后再煎另一面。

3. 加入葱白段及姜丝，然后加两碗清水，放进豆腐和猪血，用大火烧开，加适量盐。

4. 以大火煮 10~15 分钟，汤变白后出锅装盘，撒上少许葱花即可。

宝贝营养指南：

丰富的卵磷脂有益于神经、血管、大脑的发育生长。卵磷脂多存在于蛋黄、大豆、鱼头、鳗鱼、动物肝脏、芝麻、红花籽油、玉米油、谷类等食物中。鲫鱼的生命力很强，肉质细嫩，肉味甜美，含大量的铁、钙、磷等矿物质。大豆加工成豆腐后，依旧营养丰富，含有铁、钙、磷、镁等人体必需的多种矿物质，卵磷脂基本上都保留在豆腐中，只要不久煮，就能保留大部分卵磷脂。

食材

松子仁50克，玉米粒100克，面粉100克，牛奶100毫升，食盐少许，花生油适量。

奶香松仁玉米饼

妈咪巧手做：

1. 将松子仁和玉米粒分别洗净，沥干。
2. 面粉加适量水和牛奶调成糊状，放入玉米粒、松子仁、食盐搅拌均匀。
3. 平底锅内放入花生油烧热，用勺子舀适量调好的松子仁玉米面糊倒入锅中，摊成小圆饼，稍煎后翻面，待两面煎至金黄、熟透即可。

宝贝营养指南：

玉米是粗粮中的保健佳品，能调中开胃、增进食欲，其含有较多淀粉、蛋白质、卵磷脂、膳食纤维、多种维生素和镁、磷、硒等人体必需的微量元素，可促进新陈代谢，调节神经系统功能，防止便秘。玉米中丰富的镁是一种能保护神经的重要营养物质，幼儿缺乏时就会出现紧张、烦躁、易怒、忧虑、冲动等情绪，所以摄取含镁丰富的食物有利于大脑和心肺功能。坚果、绿色蔬菜、黄豆、玉米等食物中镁含量较高。

食材

鲜鱼肉200克，豆腐100克，四季豆、葱花、酱油、食盐、姜末、花生油、香油各少许。

豆腐烧鱼丸

妈咪巧手做：

1. 将鲜鱼肉去净刺，剁成鱼泥，加食盐、姜末、香油拌匀。
2. 豆腐洗净，切成小方块，用开水烫一下；四季豆洗净，切成丁。
3. 炒锅中放入花生油烧热，爆香姜末，加入食盐、酱油和适量水煮开，将鱼肉泥挤成鱼丸下入锅内，再放入豆腐块、四季豆丁，烧至鱼丸熟透时装碗。汤里加入葱花、香油烧开，起锅后浇在鱼丸豆腐上。

宝贝营养指南：

鱼肉做成小丸子，与豆腐、蔬菜组合，营养互补，能增进幼儿的食欲，有很好的促进大脑发育和补脑益智的作用。

食 材

核桃300克，荸荠15克，蜜枣10克，鸡蛋1个，白砂糖15克，玉米粉20克，植物油20毫升。

香炒核桃泥

妈咪巧手做：

1. 将核桃去壳，取核桃仁，用开水浸泡后去皮，剁成细末；磕出鸡蛋，将蛋清和蛋黄分别装碗，把鸡蛋清搅打至起泡。
2. 将荸荠、蜜枣都切成小颗粒，装碗，加入白砂糖、鸡蛋黄、玉米粉、核桃仁末和少许清水，调成糊。
3. 炒锅置火上，放入植物油烧至六成热，放入糊料快速翻炒至水分将干、发白时，铺上鸡蛋清，炒匀即成。

宝贝营养指南：

荸荠是根茎类蔬菜中含磷较高的蔬菜，能促进生长发育和调节酸碱平衡，对牙齿、骨骼的发育有益。在幼儿食物中加入核桃，可起到营养大脑、增强记忆、消除脑疲劳的作用。

食 材

嫩玉米粒200克，松子仁40克，青、红甜椒丁各30克，瘦肉末20克，1个鸡蛋的蛋清，植物油适量，食盐、葱花、湿淀粉各少许。

肉末松仁炒玉米

妈咪巧手做：

1. 嫩玉米粒用开水烫一下后备用；松子仁用少许热植物油炒至金黄时出锅。
2. 炒锅内放植物油烧热，先下瘦肉末炒香，再加入青、红甜椒丁和玉米粒炒匀，调入食盐。
3. 就快炒熟时加入鸡蛋清、湿淀粉、葱花炒匀，最后再加入松子仁炒匀即可。

宝贝营养指南：

以玉米和松子仁同入菜，有滋补强健、健脑增智的功效，还有助于防治孩子肥胖和便秘。

鲜蔬煮双色鸡肉丸

食材

鸡肉泥300克，熟蛋黄2个，番茄片80克，生菜50克，淀粉15克，食盐、鸡汁、胡椒粉、植物油各少许。

妈咪巧手做：

1. 在鸡肉泥中加入食盐、胡椒粉、植物油和淀粉拌匀。
2. 锅内加适量清水烧至微开，取一半鸡肉泥挤成丸子，下入锅中煮熟；另一半鸡肉泥加入压碎的熟鸡蛋黄搅匀，也入锅煮熟。
3. 另起锅，倒入煮丸子的汤，加食盐烧开，再放入番茄片、生菜和双色鸡肉丸，稍煮片刻后再调入鸡汁即可。

宝贝营养指南：

鸡蛋黄中含有丰富的卵磷脂，维生素 B_2 及 DHA 等，对维护神经系统的正常有很大作用，和鸡肉做成丸子食用，能健脾暖胃、活血脉、强筋骨、补智力，亦可用洒了油的清鸡汤代替清水来煮。

补钙营养餐

1~3 岁幼儿身体发育较快，骨骼和肌肉的发育需要大量的钙，因此对钙的需求量很大，如果不及时补充，幼儿的身体很容易缺钙。这个时期的幼儿对钙的摄取量每天约为 600 毫克，饮食从主要以奶类为主过渡到以谷类为主。家长应为幼儿提供奶制品、骨头汤、虾皮、鱼类等富含钙的食物。

幼儿缺钙的主要原因是维生素 D 摄取不足，而维生素 D 在食物中含量相对较少。晒太阳可促进皮肤中的一种物质转化为维生素 D，是幼儿补充维生素 D 的重要途径，可防止幼儿缺钙。

含钙丰富的食物

日常生活中有的食物可作为钙源补充，家长可适当为幼儿选择。

牛奶及奶制品：牛奶不仅含钙丰富，还含有多种氨基酸、矿物质及维生素，能促进钙的消化和吸收。牛奶中的钙质人体较易吸取，因此，牛奶应该作为日常补钙的主要食品。

其他奶制品如酸奶、奶酪、奶片，都是良好的食物钙源。

海带和虾皮：两者都是高钙海产品，每天吃上 25 克，就可以补钙 300 毫克。因此，用虾皮做汤或做馅都是日常补钙的不错选择。

豆类及豆制品：大豆是高蛋白食物，含钙量也很高，150 克豆腐含钙就高达 500 毫克，其他豆制品也是补钙的良品。

动物骨头：动物骨头里 80% 以上都是钙，但是不溶于水，难以吸收，因此在制作食物时，可以事先敲碎它，加醋后用小火慢煮。另外，鱼骨也能补钙，但要选择合适的做法。干炸鱼、焖酥鱼都能使鱼骨酥软，更方便钙质吸收，而且可以直接食用。

蔬菜：蔬菜中也有许多高钙的品种。100 克雪里蕻含钙 230 毫克；100 克小白菜、油菜、茴香、香菜、芹菜等的钙含量也在 150 毫克左右。一般深绿蔬菜含钙较多。

茄汁什锦奶酪蛋盒

食材

鸡蛋3个，牛奶50毫升，番茄丁30克，小黄瓜丁60克，奶酪50克，玉米粒、番茄酱、植物油各适量，食盐少许。

妈咪巧手做：

1. 将鸡蛋打入碗内，加食盐、牛奶搅匀；奶酪切成小丁；玉米粒用开水烫透。
2. 平底锅内放入植物油烧热，倒入适量蛋液，转动锅让蛋液均匀分散，推成薄厚一致的蛋饼。
3. 待蛋液开始凝固时，加入适量奶酪、番茄丁、小黄瓜丁和玉米粒，用锅铲将蛋饼卷成半月形，合好口，转小火，慢慢翻动，让馅中的奶酪化开，同时将蛋卷表面煎至金黄，淋上番茄酱即成。

宝贝营养指南：

鸡蛋和牛奶是提供优质蛋白质和矿物质的最佳食物，可维持生长发育及增强免疫力；而奶酪、番茄、小黄瓜和玉米粒作为馅心，又可提供丰富的各类维生素和充足的钙、磷、铁、锌。此菜各类食物搭配合理，有益于幼儿的皮肤、骨骼、牙齿和心血管的健康。

什锦饭

食材

珍珠米 100 克，燕麦 30 克，鲜香菇 5 朵，猪瘦肉末 50 克，豌豆仁、嫩玉米粒各 15 克，高汤适量，食盐少许。

妈咪巧手做：

1. 将珍珠米洗净，浸泡于清水中约 1 小时，沥干水分；鲜香菇洗净，切成小丁。
2. 电饭锅中倒入高汤，放入珍珠米、燕麦，加入香菇丁、猪瘦肉末、豌豆仁、嫩玉米粒，调入少许食盐，煮至米饭熟软即可。

宝贝营养指南：

燕麦含有幼儿生长发育所需的 8 种必需氨基酸和铁、锌、钙等矿物质元素，尤其是含钙比一般鱼虾都要高，其 B 族维生素的含量也居各种谷类粮食之首，适量给幼儿添加，能很好地清除其体内垃圾，均衡营养摄取。以燕麦、玉米、猪肉、大米组合，有益于改善幼儿的食欲不振、焦躁易怒或注意力不集中等情况。

食材

猪瘦肉 100 克，黄花菜 15 克，金针菇、小白菜各 50 克，姜丝 5 克，淀粉、酱油、食盐、花生油各少许，高汤适量。

三鲜肉丝汤

妈咪巧手做：

1. 小白菜洗净，切小段；金针菇去根洗净，每根撕开；黄花菜用温水泡发，洗净；猪瘦肉切成细丝，加酱油、淀粉拌匀腌渍入味。
2. 锅内放适量水烧开，下入猪瘦肉丝煮至半熟，捞出沥干。
3. 锅内倒入花生油烧热，爆香姜丝，放入金针菇、黄花菜炒香，加入高汤烧沸，再放入猪瘦肉丝、小白菜段，煮熟后调入食盐即可。

宝贝营养指南：

猪瘦肉含有人体生长发育所需的丰富的优质蛋白、脂肪、B 族维生素等，易于消化吸收；金针菇是幼儿增智、增强记忆力的理想食物，能有效地增强机体活性，促进新陈代谢。黄花菜和金针菇都含有丰富的钙，并含有健脑、延缓衰老的营养成分，搭配瘦肉，有健脑抗衰、养血明目、强健骨骼的功效。

食材

大米 50 克，苹果 1 个，牛奶 200 毫升，冰糖少许。

奶香冰糖苹果粥

妈咪巧手做：

1. 将大米淘洗干净，放入锅内，加适量水，置火上煮沸，转小火煮至粥黏米烂后倒入牛奶继续煮。
2. 苹果去皮、核，切成粒，放入粥锅内，加入冰糖再次煮开，用小火再煮 2 分钟即成。

宝贝营养指南：

苹果有丰富的营养素和怡人的清香，配上营养全面且生长发育必需的牛奶一起煮粥，是幼儿饮食逐步过渡和食物补钙的一个很好的选择。

食 材

豆腐1块，儿童奶酪2片，番茄60克，食盐、植物油各少许。

奶香焖黄金豆腐

妈咪巧手做:

1. 豆腐洗净沥干，用纸巾吸除豆腐多余的水分，切成片，表面撒上少许食盐，备用；番茄用开水烫一下，切成丁。
2. 平底锅内放入植物油烧热，放入豆腐片，用小火煎至两面金黄。
3. 铺上奶酪片，盖上锅盖焖至奶酪化开，加入番茄丁，再焖约1分钟即可。

宝贝营养指南:

奶酪保留了牛奶中营养价值极高的精华部分，是很好的补钙食品，有助于防止龋齿，并能大大增加牙齿表层的含钙量，从而可抑制龋齿发生，还能增进身体抗疾病能力和增强活力，保护眼睛健康，健美肌肤。奶酪和富含植物蛋白和钙的豆腐组合，可促进宝宝骨骼的生长和神经系统的发育。

食 材

嫩豆腐150克、鲜虾仁60克，鸡蛋1个，鸡汤80毫升，食盐、儿童酱油、湿淀粉各少许，植物油适量。

鸡汤虾仁炖豆腐

妈咪巧手做:

1. 鲜虾仁挑去泥肠，洗净后沥干水分，切成丁。
2. 嫩豆腐放入沸水中焯一下，捞起切成小块。
3. 锅内放入植物油烧热，放入豆腐块炒两下，加入鸡汤、食盐、儿童酱油煮沸，下入虾仁丁煮熟，用湿淀粉勾芡，再淋入打匀的鸡蛋液拌匀，稍煮即成。

宝贝营养指南:

幼儿身体发育迅速，要多提供含丰富蛋白质、钙、铁和足量维生素的食物，此菜是很好的选择，对促进食欲也很有帮助。虾肉蛋白质含量高，脂肪少，还含有丰富的矿物质及维生素A、维生素D等成分，对促进发育、健康骨骼、保护心血管系统十分有益。

五鲜海苔卷

食材

米饭50克，菠菜20克，柴鱼片15克，鲑鱼片30克，小黄瓜丝50克，海苔片10克，酱油、沙拉酱各少许。

妈咪巧手做：

1. 将菠菜下入沸水锅中焯熟，挤干水分；柴鱼片、鲑鱼片分别煮熟，用酱油和沙拉酱拌匀。
2. 将海苔片平铺好，每片都放上适量米饭、菠菜、柴鱼片、鲑鱼片、小黄瓜丝，再将海苔片卷成卷即可。

宝贝营养指南：

此海苔卷富含胆碱和钙、铁、磷、碘等多种矿物质和维生素A、B族维生素等丰富的维生素及优质蛋白质，常食对促进幼儿神经系统和智力的发育，改善贫血，保护骨骼、牙齿的健康很有帮助，能提高机体的抗病能力。海苔中丰富的碘是人体制造甲状腺素所必需的成分，甲状腺素可以调节新陈代谢、促进幼儿神经系统的发育。

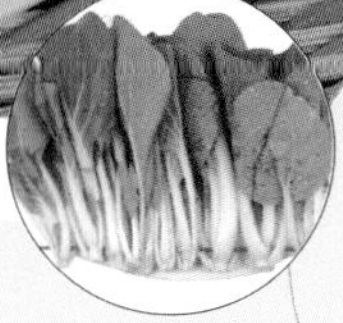

口蘑豆腐浓汤

食材

小白菜100克，鲜口蘑6朵，番茄1个，嫩豆腐1块，高汤500毫升，食盐、植物油各少许。

妈咪巧手做：

1. 将小白菜择洗后切成小片；嫩豆腐洗净，切成小块；口蘑切成小块；番茄放入沸水中焯烫后去皮，切成丁。
2. 锅中烧热植物油，下入番茄丁、口蘑块略炒，放入高汤、嫩豆腐块煮沸，再加入小白菜煮熟，加食盐调味即成。

宝贝营养指南：

这款汤非常适宜幼儿食用，多类食物组合，富含优质植物性蛋白质、维生素A、B族维生素和多种矿物质。尤其是豆腐、小白菜和口蘑中都含有大量的钙，可保健肠胃，促进骨骼健康发育，增强造血功能，还对维持大脑功能和精神状态稳定有益。

海带莲子排骨汤

食材

排骨250克，新鲜莲子200克，海带结100克，食盐适量。

妈咪巧手做：

1. 将排骨洗净切块，放入沸水中汆烫后捞出。
2. 排骨先下锅，加6碗水煮沸，转小火慢炖20分钟后，放入洗净的莲子、海带。
3. 汤沸后转小火续炖20分钟，等材料都熟软了，加盐调味即可。

宝贝营养指南：

海带味咸、性寒，入肝、胃、肾经，有促进排便解毒、消痰、利水清热之用。此菜品汤鲜味美，海带含有丰富的钙，可防人体缺钙，还有降血压的功效。排骨富含蛋白质，同时也含有钙质。海带莲子排骨汤能增强肠胃功能，帮助体内毒素排出，增进食欲，滋补强身。

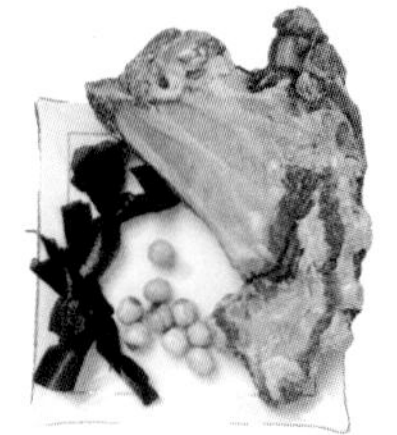

补铁营养餐

家长在为幼儿补铁时应考虑到铁的吸收，多为宝宝提供具有补血、养血功能的食物，这对促进幼儿身体的正常生长发育、维护身体健康都有重要作用。

正确地为幼儿补铁能有效预防贫血。缺铁性贫血是幼儿最普遍的贫血类型，是由于体内铁的储存不能满足正常红细胞生成的需要而发生的贫血，主要是因为铁的摄入不足、吸收量减少、需要量增加、铁利用障碍或丢失过多所导致。

给幼儿补铁应适当，因铁在人体内应保持一定的含量和比例，补充过多也会影响身体的健康。幼儿体内含铁量过多，会使铁、锌、铜等微量元素代谢在体内失去平衡，影响小肠对锌、镁等其他微量元素的吸收，降低机体的免疫功能。另外，幼儿补充的铁剂中含二价铁离子，会使血清中的铁离子浓度明显增高，当超过血浆蛋白质的结合能力时，血液中的游离铁离子便会增加，从而导致幼儿心肌受损或心力衰竭。因此，父母千万不能盲目给幼儿补铁，日常膳食中适当摄取动物肝脏、牛肉、羊肉、蛋黄、鱼及豆类即可。适量摄取维生素 C 也可促进铁元素的吸收。另外，家中用铁锅烧菜也有助于为幼儿补铁。

含铁丰富的食物

家长为幼儿安排膳食时应注意食物合理搭配，以增加铁的吸收。食物中含铁丰富的有动物肝脏、肾脏；其次是瘦肉、蛋黄、鸡、鱼、虾和豆类。绿叶蔬菜中含铁较多的有苜蓿、菠菜、芹菜、油菜、苋菜、荠菜、黄花菜、番茄等。水果以杏、桃、李、葡萄、红枣、樱桃等含铁较多。其他含铁丰富的食物有核桃、海带、红糖、芝麻酱等。

食物中铁的吸收率在 1%～22%，动物性食物中的铁比植物性食物中的铁更易于被人体吸收和利用。动物血中铁的吸收率最高，在 10%～76%之间；肝脏、瘦肉中铁的吸收率为 7%；由于蛋黄中存在磷蛋白和卵黄高磷蛋白，与铁结合生成可溶性差的物质，所以蛋黄中铁的吸收率还不足 3%；菠菜和扁豆虽富含铁质，但是由于它们含有植酸，会阻碍铁的吸收，因此，铁的吸收率很低。另外，维生素 C、肉类、果糖、氨基酸、脂肪可增加铁的吸收，而茶、咖啡、牛乳、麦麸等可抑制铁的吸收。也可吃些富含维生素 C 的水果及蔬菜，如苹果、番茄、花菜、土豆、圆白菜等。

五果冰糖羹

食材

去核红枣5枚，枸杞子10克，桂圆肉15克，香蕉1根，葡萄20克，冰糖适量。

妈咪巧手做：

1. 将红枣洗净切碎；桂圆肉洗净，切碎。
2. 枸杞子用温水泡至回软，洗净捞出，沥干水分。
3. 红枣、枸杞子、桂圆肉同入锅中，加入适量冷水，以小火熬煮片刻。
4. 将香蕉去皮，切丁。
5. 葡萄洗净，去皮、籽，一起投入汤羹内拌匀，最后以冰糖调好味，即可盛起食用。

宝贝营养指南：

红枣历来有补血养气的功能，桂圆的营养价值也极高，含有丰富的葡萄糖、蔗糖、蛋白质及多种维生素和微量元素，有良好的滋养补益作用，可用于治疗贫血、病后体弱。枸杞子含有丰富的胡萝卜素、维生素 B_1、维生素 B_2、维生素C和钙、铁等眼睛保健必需的营养，可治疗肝血不足、肾阴亏虚引起的视觉模糊。葡萄干中的铁和钙含量十分丰富，香蕉含有大量糖类物质及其他营养成分，可充饥、补充营养及能量。此羹是贫血儿童的滋补佳品。

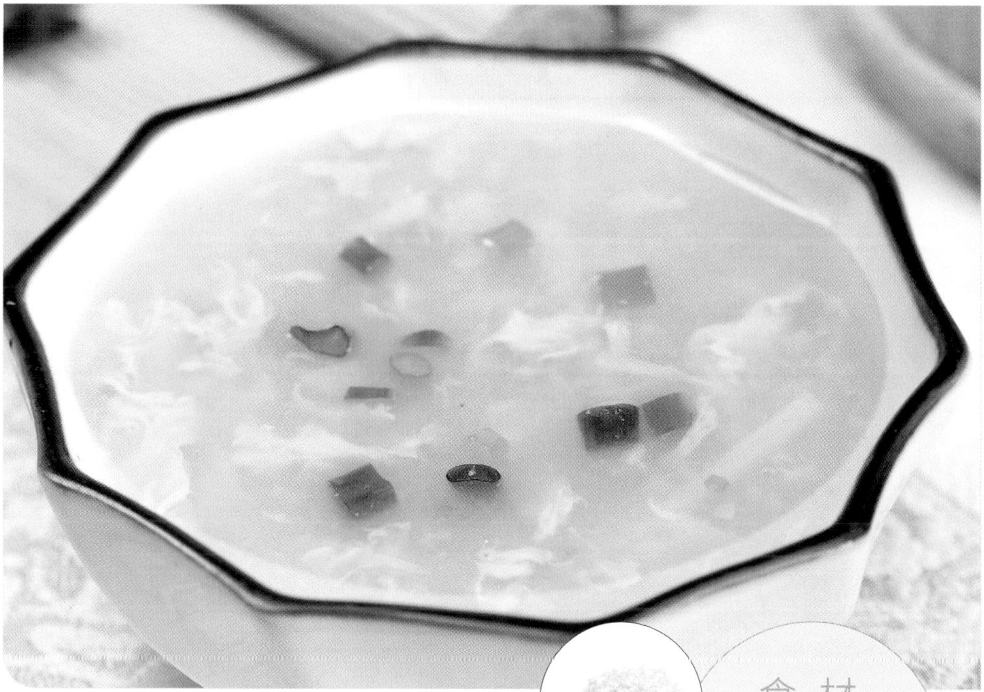

银耳丝鲜蛋粥

食材

干银耳20克，樱桃30克，鸡蛋1个，冰糖适量。

妈咪巧手做：

1. 将干银耳用温水泡发，择去蒂部，以净水过滤后撕成小块（或切碎），放入锅中加入适量水，以小火煨至熟烂。
2. 另起锅，用少许水将冰糖煮化，用细纱布过滤，然后将糖汁倒入银耳中，加入樱桃，以小火将银耳羹煨至呈香浓发黏，最后打入鸡蛋液，等沸腾了即可。

宝贝营养指南：

银耳和樱桃都含有丰富的铁，特别是樱桃的含铁量特别高，位于各种水果之首，常食可补充人体对铁元素的需求，促进血红蛋白再生，既可防治缺铁性贫血，又可增强体质、健脑益智。银耳还富含胶质、粗纤维和多种维生素及钙、锌等矿物质元素，能增强新陈代谢，促进血液循环，改善组织器官功能，适合体弱的幼儿调养身体食用。

食 材

冬瓜 150 克，猪瘦肉 50 克，蒜末、橄榄油、儿童酱油、食盐各少许。

冬瓜煮瘦肉

妈咪巧手做：

1. 将冬瓜去皮、瓤洗净后切成小块；猪瘦肉切成碎丁。
2. 锅内倒入橄榄油烧热，爆香蒜末，放入猪瘦肉丁拌炒均匀。
3. 放入冬瓜块、儿童酱油及适量水，烧开后再调入少许食盐，以小火煮至冬瓜熟软即可。

宝贝营养指南：

冬瓜含有多种维生素和人体必需的微量元素及蛋白质，可调节人体的代谢平衡，养胃生津，清降胃火，使皮肤洁白、润泽光滑。猪瘦肉中富含人体生长发育所需的优质蛋白质、脂肪和血红素铁等，质嫩易消化，对改善缺铁性贫血有益。

食 材

麦片 30 克，大米 60 克，红豆 15 克，绿豆 15 克，莲子 20 克，花生仁 20 克，葡萄干 15 克，冰糖适量。

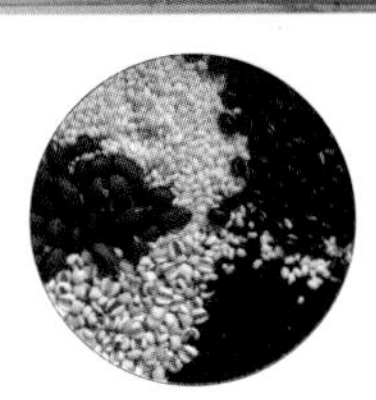

营养多宝粥

妈咪巧手做：

1. 将大米、红豆、绿豆、花生仁和莲子分别洗净，用清水浸泡约 1 小时后沥干水分；葡萄干切碎。
2. 将大米、红豆、绿豆、莲子、花生仁下锅，加入适量水，大火煮开，转小火煮粥至黏且材料熟烂，放入麦片、葡萄干碎续煮片刻，加入冰糖，边搅拌边煮至溶化即可。

宝贝营养指南：

此粥富含营养，对幼儿的生长发育十分有益，可安心宁神，有助于孩子保持愉快的情绪。麦片、红豆、绿豆、花生仁、葡萄干都含有较多的锌、铁，可促进生长发育，使孩子思维敏捷。

食 材

猪肉馅200克，鸡蛋3个，水发银耳、水发黑木耳各30克，食盐、鸡汁、胡椒粉、湿淀粉、植物油各适量。

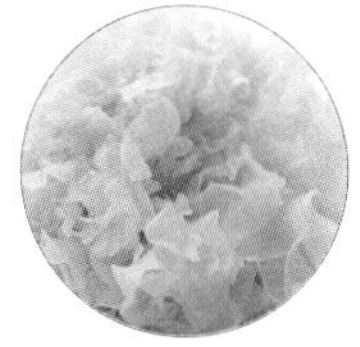

肉酿双耳蒸蛋皮

妈咪巧手做：

1. 将鸡蛋打入碗内，加湿淀粉搅匀，倒入加植物油烧热的锅中摊成蛋皮若干张；银耳、水发黑木耳都切成小块，分别与猪肉馅拌在一起，加食盐、鸡汁、胡椒粉拌匀。

2. 鸡蛋皮铺平，铺上银耳馅，再铺上一层黑木耳馅，折起做成双色的厚饼。

3. 上蒸锅蒸熟，取出改刀切成菱形小块即可。

宝贝营养指南：

此菜很适宜幼儿补血、补脑，对促进大脑发育和增长智力大有益处。黑木耳的含铁量非常高，比猪肝还要高出很多，其和银耳、鸡蛋、猪肉组合，营养十分全面，可补脑，防治幼儿缺铁性贫血。

食 材

嫩牛肉50克，番茄30克，胡萝卜、洋葱各15克，黄油10克，植物油、食盐各少许。

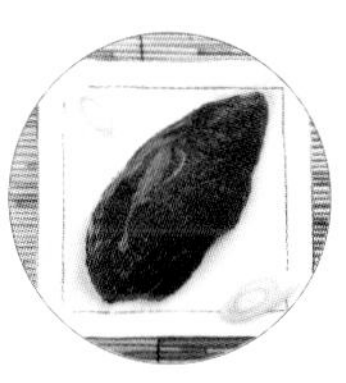

什蔬炒牛肉末

妈咪巧手做：

1. 将嫩牛肉洗净、切碎，加适量水煮熟；胡萝卜煮软后切碎；洋葱、番茄分别去皮、切碎。

2. 将植物油、黄油入锅烧热，放入洋葱末炒匀，再加入胡萝卜末、番茄末和嫩牛肉末炒香，加入少许水煮烂，用食盐调味即可。

宝贝营养指南：

此菜营养丰富，富含优质蛋白质、维生素C、维生素D、胡萝卜素、维生素B_1、维生素B_2和钙、磷、锌、铁、硒等多种营养素，能使幼儿获得全面的营养，强化骨骼及牙齿，预防佝偻病，有助其生长发育。此菜必须选用嫩牛肉，且要切得细，以利于幼儿消化吸收。

酿馅鸭蛋

食材

鸭蛋1个，猪肉末50克，生菜适量，食盐、淀粉、鸡汁、葱姜末、植物油各少许。

妈咪巧手做：

1. 将鸭蛋煮熟，去壳，切成两半，取出鸭蛋黄；猪肉末加入食盐、鸡汁、淀粉、葱姜末、植物油和少许清水搅匀成馅。
2. 将调好的肉馅分别填入鸭蛋空心处，装盘，入蒸笼蒸至馅熟，出锅。
3. 盛盘后以鸭蛋黄和焯水过的生菜围边，搭配食用。

宝贝营养指南：

幼儿饮食应注意各种营养物质的供给和合理搭配，多提供富含蛋白质、矿物质和维生素的食物。鸭蛋含有蛋白质、磷脂类、维生素A、维生素B_1、维生素B_2、维生素D，各种矿物质的总量超过鸡蛋很多。特别是铁和钙的含量在鸭蛋中更是丰富，可促进骨骼发育，预防贫血。

补锌营养餐

锌是人体必需的微量元素，分布于人体所有组织、器官、体液及分泌物中，约有 60% 存在于肌肉中，30% 存在于骨骼中。

幼儿缺锌会出现异食、厌食、生长缓慢等情况。异食主要是指孩子喜欢吃不能吃的东西，如泥土、火柴杆、煤渣、纸屑等；厌食指幼儿胃口差，不想进食或进食量减少；生长缓慢表现为体重、身高、头围等发育指标明显落后于同龄儿童，显得矮小。

父母在为幼儿补锌时，要注意以下 4 个方面：

1. 补锌的季节性。因为夏季气温较高，幼儿的食欲较差，进食量相对较少，摄入的锌也相对减少。加上由于天热出汗多造成锌的大量流失。因此，夏季要多补锌。

2. 防止药物干扰。有的药物可能会干扰幼儿补锌，如四环素与锌结合成络合物，维生素 C 与锌结合成不溶性复合物。因此，在给幼儿补锌时应注意避免使用类似药物。

3. 食物要精细。在补锌期间要为幼儿准备精细一些的食物，粗纤维多的食物要暂时少吃，否则会阻碍锌的吸收。

4. 钙铁同补。在补锌的同时最好补充钙和铁，可促进锌的吸收和利用，以加快机体的恢复，这主要是因为钙、铁、锌三者有协同作用。

含锌丰富的食物

一般情况下，动物性食物中的含锌量比植物性食物多。

食物中锌的丰富来源包括面筋、米花糖、芝麻糖、口蘑、牛肉、动物肝、调味品和小麦等。

食物中锌的良好来源包括蛋黄粉、西瓜子、干贝、花茶、虾、花生、猪肉等。

食物中锌的一般来源包括鱿鱼、豌豆黄、虾米、香菇、银耳、黑米、绿茶、红茶、牛舌、猪肝、牛肝、豆类、黄花菜、蛋、鱼、香肠和全谷制品等。

食物中锌的微量来源包括海参、枣、黄鳝、木耳、大葱、酸梅、玉米粉、麦乳精、矿泉水、动物脂肪、植物油、各种蔬菜和水果等。

鲜奶南瓜蔬菜浓汤

食材

南瓜 300 克，卷心菜叶 100 克，鲜牛奶适量，食盐少许。

妈咪巧手做：

1. 将南瓜去皮、瓤洗净后切小丁，煮熟后沥干。
2. 将南瓜块倒入果汁机中，加鲜牛奶和少许水打匀，然后倒入锅中。
3. 将卷心菜叶切成小块，放入牛奶南瓜汤中，以中火边煮边搅，煮至菜熟软时加入食盐调味即可。

宝贝营养指南：

牛奶营养全面，其所含的丰富的钙最容易被人体吸收利用；南瓜富含锌、维生素 E 和 β－胡萝卜素，可明目护肝；卷心菜中维生素 C 含量高，可促进消化，提高人体免疫力。

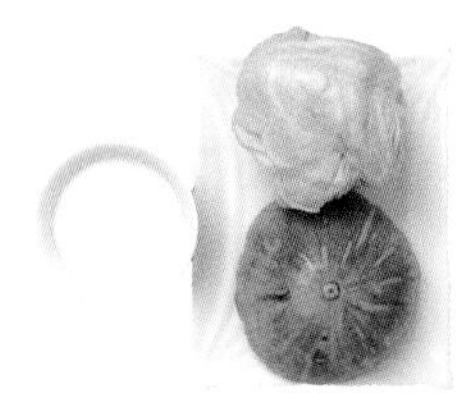

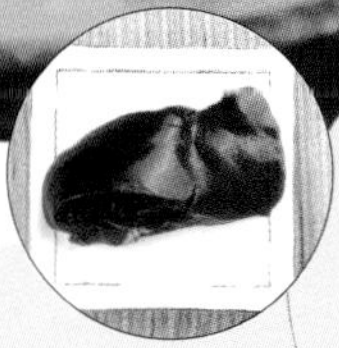

枸杞猪肝粥

食材

糯米60克，枸杞子5克，猪肝30克，高汤500毫升，姜末、香油、食盐、酱油各少许。

妈咪巧手做：

1. 将猪肝洗净，先切薄片，再切成小条，同姜末装入碗内，以酱油腌10分钟；糯米和枸杞子洗净。
2. 高汤倒入砂锅内，放入糯米和枸杞子煮至粥将熟。
3. 再放入切好的猪肝煮熟，调入香油、食盐即可。

宝贝营养指南：

枸杞子具有补肾益精、养肝明目、抗衰老等功效；猪肝可以改善人体造血系统，促进红细胞、血色素产生，制造血红蛋白等，是补血之佳品。两者还都含有很丰富的锌元素，对促进幼儿智力和思维的发展很有帮助。

食 材

鸡蛋 1 个，鸡肝 1 副，银鱼少许，食盐少许。

肝泥银鱼蒸鸡蛋

妈咪巧手做：

1. 将鸡蛋打入碗中，加水 50 毫升打散。
2. 锅里放水煮沸，将银鱼及鸡肝烫一下捞起，泡水备用。
3. 将烫过的鸡肝切薄片，剁碎；银鱼亦切碎。
4. 将切碎的鸡肝与银鱼放入打散的鸡蛋液中，调入食盐搅匀，再用保鲜膜覆盖，放入蒸锅中蒸熟即可。

宝贝营养指南：

此品含丰富的蛋白质和钙、铁、锌，特别是锌。此菜很适合给宝宝拌粥、拌面条，适合拌入饭里喂食，也可单独拿来当主食。

食 材

五香花生仁 40 克，烤核桃 3 个，鲜牛奶 250 毫升，白砂糖 15 克，葡萄干少许。

自制花生核桃牛奶

妈咪巧手做：

1. 将花生仁外层的红衣薄膜剥除；核桃去除外壳，取核桃肉待用。
2. 将花生仁、核桃肉、鲜牛奶一起放入果汁机内搅打均匀。
3. 将核桃花生奶倒入锅中，以小火加热并持续搅拌均匀直至烧沸，加入白砂糖搅拌至溶解，再加入葡萄干即可。

宝贝营养指南：

这款辅食甜香可口，十分适合幼儿的口味，且含有丰富的蛋白质、B 族维生素、维生素 E、维生素 K 及钙、铁、锌、磷等多种矿物质，可补脑健脑，促进生长。牛奶中的糖类是乳糖，可促进钙、锌、镁、铁等矿物质的吸收，促进人体肠道内乳酸菌的生长，保证肠道健康。

食 材

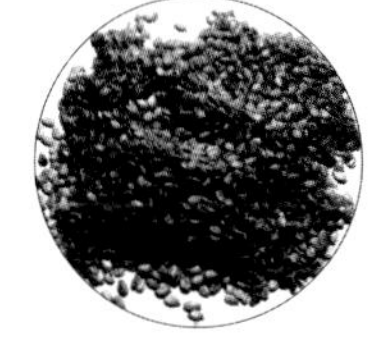

面粉 250 克，核桃仁 75 克，鲜牛奶 200 毫升，鸡蛋 2 个，黑芝麻 20 克，植物油适量，食盐少许。

牛奶芝麻核桃饼

妈咪巧手做：

1. 核桃仁用热水泡 10 分钟，捞出后剥去外皮，放入锅中炒一下，趁热压碎。
2. 将面粉放入盆内，打入鸡蛋，加入核桃末、牛奶、黑芝麻、食盐和鲜牛奶，朝一个方向搅匀成糊状备用。
3. 平底锅置火上，下入植物油烧热，舀入适量调好的核桃芝麻面糊，转动锅使面糊成圆薄饼，一面煎至金黄后再翻锅煎另一面，至熟透后装盘。

宝贝营养指南：

黑芝麻、核桃仁、牛奶、鸡蛋都含有较多的锌元素，其中核桃、芝麻中还含有丰富的 B 族维生素、维生素 E 和铁，这些营养可促进幼儿发育，对健脑增智和提高记忆力很有帮助。

食 材

鸡蛋 3 个，卷心菜丝、金针菇、香菇丝、红甜椒丝、胡萝卜丝、水发黄花菜各 10 克，食盐少许，植物油适量。

六鲜菇菜煎蛋

妈咪巧手做：

1. 将胡萝卜丝、黄花菜分别用沸水焯透，沥干；金针菇、香菇丝、红甜椒丝分别焯水，沥干。
2. 将鸡蛋打入碗中，搅匀打发，放入全部蔬菜和食盐，搅拌均匀。
3. 平底锅中放入植物油烧热，倒入调好的蔬菜鸡蛋液，用中火煎至两面金黄、熟透，盛出切成三角块即可。

宝贝营养指南：

鸡蛋是幼儿生长发育中不可缺少的食物，有增进骨骼发育、健脑补脑、提高记忆力、预防贫血和消除疲劳等多种作用。与鸡蛋搭配的多种蔬菜，特别是金针菇、香菇、黄花菜含锌量都较高，都是良好的健脑菜，对幼儿智力发育有非常好的促进作用。如果是给 1 岁半前的宝宝吃，可以把全部蔬菜都切碎，以利于咀嚼和营养吸收。给幼儿吃鸡蛋，烹调方法以煮、蒸为佳，营养保持好，且易消化。

牛肉豆腐羹

食材

鸡蛋2个，嫩牛肉末60克，嫩豆腐150克，湿淀粉15克，生抽、食盐、香油、熟植物油各少许。

妈咪巧手做：

1. 将嫩牛肉末用生抽拌匀，再加少许植物油拌匀，静置30分钟；鸡蛋磕入碗内搅匀；豆腐洗净，切成小块，焯水后沥干。
2. 炒锅内放入植物油，用中火燃烧，炒香牛肉末，加入适量开水，放入豆腐块烧至微沸，加入食盐和少许生抽煮开，用湿淀粉勾芡。
3. 把打匀的鸡蛋液徐徐倒入锅中，边倒边向同一个方向搅动，稍煮后加入香油即可。

宝贝营养指南：

牛肉含有丰富的蛋白质及锌、镁、铁等微量元素，适当给宝宝吃些牛肉能强壮身体、增长肌肉、提高智力。幼儿期是宝宝脑和神经发育的重要阶段，鸡蛋、豆腐都含有丰富的补脑、健脑营养物质，合理的搭配对促进幼儿的健康发育很有益。

预防幼儿偏食的营养餐

幼儿期是生长发育的最重要时期，如果幼儿经常挑食、偏食，就会造成营养摄入不平衡，而一旦某些营养素缺乏，又会引发相应的疾病。对于孩子偏食，一定要引起足够的重视。

幼儿偏食的原因

幼儿 2 岁后，在生活中容易受父母或周围的环境影响开始挑选食物，父母偏爱或讨厌某类食物，孩子则会有相同的态度。如果大人过分溺爱自己的孩子而迁就其挑食，孩子便逐渐形成偏食。另外，当父母用某类食物诱导孩子多吃，也可能会导致其偏食。宝宝在幼儿期若未及时添加各种食物也会造成孩子偏食，当幼儿过了添加辅食的关键时期就会拒绝新的食物。

纠正幼儿偏食的原则

幼儿的偏食或挑食习惯往往受大人的饮食观念和习惯的影响，所以父母要以身作则，做到不挑食、不偏食，食物搭配齐全且丰富，以自己良好的饮食习惯为孩子示范，树立良好的榜样。

1. 与孩子互动并减少零食：父母可带爱挑食的孩子一起去采购食品、一起做饭，让孩子摆放餐桌上的食物。合理安排和指导孩子吃零食的时间、数量，对幼儿吃零食的量、次数有所控制和节制。

2. 讲究烹调方法，注意合理搭配：在饭菜品种的多样化、多变及合理搭配上，在烹调制作的质量包括色、香、味及其造型上，在选用一些餐具器皿上，父母都要多下点工夫，以引起孩子的食欲，促使其保持旺盛的食欲，每种饭菜都能吃得有滋有味。如除了蒸蛋外，还可以炒蛋、煎荷包蛋、做蛋糕等。不吃蔬菜的孩子，父母可以把肉和菜剁碎后包在饺子里给孩子吃。

3. 培养幼儿良好的饮食习惯：平衡膳食，饮食要科学、合理、全面，使孩子对每种食物都有兴趣。如果孩子每天吃饭都能定时、定量，时间一长，就会养成正常的饮食习惯。这样，一到吃饭时间，孩子体内就会自动分泌消化液，产生饥饿感，会有食欲了。另外，在饭前或吃饭时尽量不要喝饮料，不要强迫孩子吃某种食物，可以允许幼儿在合理的范围内选择自己喜欢的食物。

4. 创造良好的就餐气氛，克服急躁情绪：当幼儿挑食、偏食时，父母不要急躁，也不要强迫他进食，更不要在孩子面前表现出焦虑的情绪，或当着孩子面把这些坏习惯和自己的焦虑告诉别人，这样容易对幼儿产生不良的暗示和强化作用。

5. 为孩子正确地选择食物：孩子偏食、厌食应给予早期饮食调理，宜选用一些益气健脾、和胃化湿、开胃清食类的食物。益气健脾类的食物有粳米、山药、豌豆、鱼肉、大枣、山楂等；开胃清食类的食物有苹果、荸荠、香蕉、山楂等；和胃化湿的食物有蚕豆、玉米、芋头、栗子、牛奶、南瓜、圆白菜、胡萝卜等。

蛋丝狮子头

食材

猪绞肉300克，洋葱60克，番茄100克，去皮荸荠6个，葱末15克，蒜末、姜末各10克，鸡蛋2个，番茄酱30克，奶油20克，高汤250毫升，植物油、食盐各适量。

妈咪巧手做：

1. 洋葱去皮洗净，切成末；荸荠切成末；番茄洗净，切成小丁。
2. 将洋葱末、荸荠末、葱末与猪绞肉混合，再加入姜末、食盐和1个鸡蛋，搅拌均匀至起黏，捏成肉丸，即狮子头；另1个鸡蛋打散，用平底锅加少许植物油煎成薄蛋皮，待凉后切成丝。
3. 锅内放入植物油，烧至六成热，放入狮子头，煎至表面呈金黄色，取出沥去油分。
4. 原油锅中留底油，加入蒜末、番茄丁炒香，放入番茄酱、奶油、高汤煮沸，放入狮子头，用小火炖煮至汤汁黏稠，加入鸡蛋丝即可。

宝贝营养指南：

猪肉搭配多类蔬菜做成可爱的丸子，更利于激发幼儿的食欲。此菜有益于增加宝宝体内的免疫细胞，帮助红细胞生成，对于健全免疫系统、预防贫血有不错的功效。但妈妈们应注意，油炸的食物不宜让孩子吃得太多。

鲜味莴笋炒鱼丁

食材

草鱼肉200克，1个鸡蛋的蛋清，莴笋丁50克，淀粉15克，米醋15毫升，葱末10克，姜末、蒜末各5克，白砂糖、食盐、胡椒粉、湿淀粉、香油各少许，鲜汤、调和油各适量。

妈咪巧手做：

1. 草鱼肉洗净，去净暗刺，切成丁后装碗，加入食盐拌匀，再用鸡蛋清、淀粉上浆。
2. 炒锅内放入调和油烧至四成热，下入草鱼肉丁滑散，再放入莴笋丁滑一下油，一起倒入漏勺滤油。
3. 炒锅内留少许油，用葱末、姜末、蒜末炝锅，加鲜汤、米醋、白砂糖、食盐、胡椒粉炒匀烧开，用湿淀粉勾芡，倒入草鱼肉丁、莴笋丁翻炒至入味熟透，加入香油出锅。

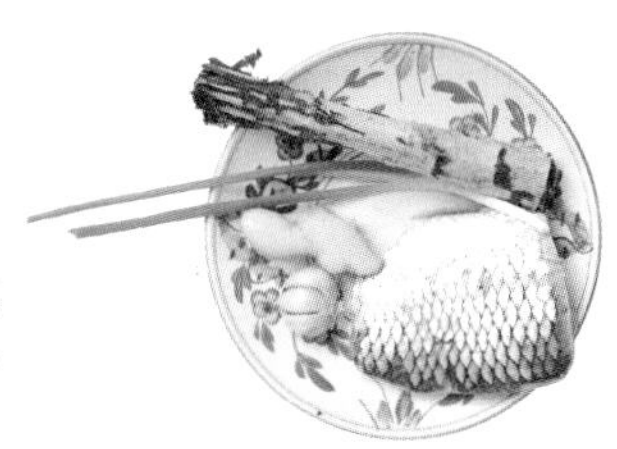

宝贝营养指南：

草鱼肉嫩而不腻，营养丰富，开胃滋补，非常适宜身体瘦弱、食欲不振的幼儿食用，还对血液循环很有益；而莴笋可改善消化系统和肝脏功能，对人体基础代谢、心智和体格发育及情绪调节都有很大的帮助。醋熘菜的口味又酸又甜，特别开胃，能促进食欲。

食 材

黄鱼肉 250 克，韭黄末 30 克，胡萝卜末 50 克，荸荠 3 个，小芦笋 1 根，香油、姜末、食盐各少许，馄饨皮 40 片，高汤 800 毫升。

三鲜黄鱼小馄饨

妈咪巧手做：

1. 将黄鱼肉剁成细末；荸荠去皮洗净，切成碎末；小芦笋削除粗纤维，切成小段。

2. 在黄鱼肉末中加入韭黄末、胡萝卜末、荸荠末、香油、姜末、食盐，拌匀制成馅。

3. 取馄饨皮包入馅，包成馄饨。将包好的馄饨下入烧开的高汤中，加入芦笋段煮至馄饨浮至汤面，续煮片刻即成。

宝贝营养指南：

黄鱼肉对人体有很好的补益作用，能促进幼儿的生长发育和细胞再生，还可预防贫血、安神开胃、增进食欲。芦笋纤维较多，不易咀嚼，建议在宝宝至少 1 岁半以后再开始添加。

食 材

圣女果 60 克，净草鱼肉 200 克，黄瓜 60 克，高汤 100 毫升，食盐、植物油各少许。

双蔬鱼肉末

妈咪巧手做：

1. 将草鱼肉，用开水汆烫后切成碎末；圣女果去皮后切碎；黄瓜去皮后切成丝。

2. 锅内倒入植物油烧热，炒香鱼肉末，加入高汤、圣女果末略煮，调入食盐煮熟，加入黄瓜丝即可。

宝贝营养指南：

草鱼肉开胃、滋补，对身体虚弱和食欲不振有很好的调节作用。用草鱼肉和番茄、黄瓜搭配，可令营养更为全面，口味更加丰富，有利于提高幼儿的进食兴趣。

食 材

雪梨 3 个，粳米 50 克，山楂片少许。

山楂雪梨粳米粥

妈咪巧手做：

1. 将雪梨洗净，去核，切成碎丁，入锅加适量水，用中小火煮 30 分钟；粳米、山楂片分别洗净，将山楂片切碎。

2. 捞去梨渣，在煮好的梨水中加入粳米和切碎的山楂片，熬煮成烂粥即可。

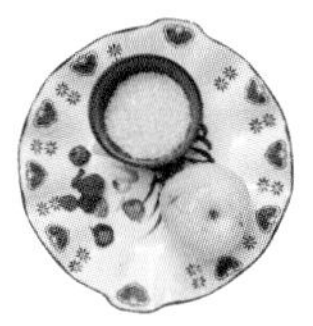

宝贝营养指南：

雪梨水分较多，营养素含量较为全面，可清心润肺、养阴清热、促进食欲、帮助消化；而山楂亦可增食欲、开胃助消。此粥梨香浓郁，对于改善幼儿偏食的习惯有一定帮助，也适用于内生滞热引起的小儿厌食。

食 材

瘦肉馅 150 克，鸡蛋 1 个，番茄酱 30 克，青菜 30 克，葱姜末、食盐、淀粉、香油各少许。

番茄丸子鲜汤

妈咪巧手做：

1. 将瘦肉馅放入碗内，加入鸡蛋、葱姜末、食盐、香油、淀粉，顺一个方向搅匀，再加入番茄酱用力搅拌均匀；青菜切成丝。

2. 锅内加入适量清水烧开，将肉馅挤成小丸子汆入锅内，煮开后再加入青菜丝、食盐，煮熟即可。

宝贝营养指南：

丸子形态可爱，香而不腻，适合 1 岁半以上的幼儿食用。这道菜营养全面，既可让孩子食欲大开，又对平衡营养摄取很有益。很多孩子偏食重点在于肉类等酸性食物摄入过多，蔬菜、瓜果等碱性食物和动物性食品及谷类等酸性食物在配餐时可以 1 ：4 的比例搭配，有助于避免体液酸化而引发偏食。

鲜蔬薯泥鱼球

食材

鳕鱼肉150克，土豆200克，生菜50克，鸡蛋1个，奶油10克，食盐少许，花生油适量。

妈咪巧手做：

1. 将鳕鱼肉洗净沥干，以保鲜膜包起，放入微波炉内加热约半分钟，用刀背把鳕鱼肉拍碎。

2. 土豆去皮后洗净，切成块，煮或蒸熟，压磨成泥；生菜用开水烫一下，沥干水分后切碎；鸡蛋磕入碗中打匀。

3. 将拍碎的鳕鱼肉、土豆泥混合，加入食盐、鸡蛋液、奶油、生菜末充分搅拌均匀，做成若干鱼球。

4. 锅内放入花生油烧热，下入做好的土豆鱼球炸熟，控油后装盘。

宝贝营养指南：

鳕鱼中含有球蛋白、白蛋白、人体生长发育必需的各种氨基酸、不饱和脂肪酸及丰富的钙、磷、铁、镁、锌等矿物质元素，口味鲜美，易消化吸收，与土豆、鸡蛋等组合，非常有助于提升幼儿的食欲，平衡营养，还能促进大脑健康发育，增进智力。

双鲜虾仁酿番茄

食材

番茄2个，黄瓜丁60克，鲜虾仁50克，熟腰果30克，花生油适量，食盐、葱花、香油各少许。

妈咪巧手做:

1. 将虾仁去肠泥后洗净，每个虾仁切成两半，加少许食盐拌匀；番茄洗净，从上端片去一片，挖去果肉，制成番茄盅。
2. 炒锅置火上，放入花生油烧热，下入虾仁滑炒至呈金黄色时出锅；净锅再加入底油烧热，放入葱花爆出香味，倒入黄瓜丁炒匀，然后下入腰果、虾仁同炒，加少许食盐调味。
3. 将炒好的黄瓜虾仁放入番茄盅内，淋上香油，放入蒸锅隔水蒸约10分钟即可。

宝贝营养指南:

成菜造型可爱、味道鲜美，对提高幼儿的食欲，预防和改善偏食有很好的帮助。番茄含有丰富的维生素，可健胃消食、生津止渴、增进食欲；腰果中的营养成分有很好的软化血管的作用，能保护血管，润肠通便，润肤美容，提高抗病能力。再配上营养美味的虾仁、黄瓜，大大促进了营养的全面摄取，适宜中餐或晚餐时给宝宝吃。

防止幼儿便秘的营养餐

便秘是宝宝常见的现象。除了长时间不排便以外，大便干硬、排便费力、腹胀、口臭都是便秘的相关症状。幼儿便秘可分为两种：一种是阴性便秘，另一种是阳性便秘。阴性便秘者饮食中缺乏谷类、蔬菜、豆类及纤维食物，吃多了精制面类、白砂糖、油腻食物、牛奶、巧克力等，致使大肠的伸缩性失调，从而无力把粪便排出。阳性便秘是因为长期食用太多肉类及太咸的食物，致使大肠阻塞及硬化，粪便体积很小、硬及臭气冲天，不易排出。

幼儿便秘的原因

1. 饮食因素：幼儿饮食太少，饮食中糖分不足，均可以造成消化后残渣少，大便量少。饮食中蛋白质含量过高而使大便呈碱性、干燥，排便次数减少。食物中含钙多也会引起便秘，如牛奶含钙比人奶多，因而牛奶喂养比母乳喂养发生便秘的概率高。蔬菜中的纤维可以刺激肠蠕动，促使排便，有些幼儿不喜欢吃蔬菜，也是造成便秘的一个主要原因。

2. 习惯因素：由于生活没有规律或缺乏定时排便的训练，或个别幼儿因突然环境改变，均可出现便秘。

3. 疾病因素：一般情况下，佝偻病、营养

不良、甲状腺功能低下的患儿腹肌张力差，或肠蠕动减弱，便秘比较多见。肛裂或肛门周围炎症，导致大便时肛门口疼痛，小儿因怕痛而不解大便，导致便秘。先天性巨结肠的患儿，出生后不久便有便秘、腹胀和呕吐。腹腔肿瘤压近肠腔时大便不能顺利通过，也可引起便秘。

幼儿便秘的饮食调节原则

幼儿便秘的治疗首先应考虑通过改变其不良生活方式和习惯来完成，如改变膳食结构，适量增加户外活动，有意识地增加粗粮、蔬菜、水果等富含膳食纤维的食品，保证水的摄入，减少高脂肪、高蛋白类食物的摄入，忌食可乐、雪碧等含碳酸盐、咖啡因的饮料，帮助孩子养成定时排便、集中精力排便的习惯，尽力消除因排便困难而产生的疑虑、紧张和恐惧感。

蔬菜如韭菜、芹菜、大白菜、菠菜等粗纤维蔬菜，消化后可明显改变粪便的成分，有助于促进肠蠕动，利于粪便排出。进食不引起便秘的食物，如水果中的香蕉、苹果、柚子等以及干果中的核桃、瓜子、芝麻等，润肠通便作用都很明显。另外，蜂蜜也有很好的润肠通便作用。早上喝一杯淡盐水、白开水或蜂蜜水对排便有一定的帮助。坚持对孩子下腹部进行顺时针方向的规律按摩，对改善便秘有较明显的疗效。

一般阴性及阳性便秘的饮食治疗包括以下食物：

以全谷类，即没有经过加工的谷类（例如糙米）作为主食。面粉类或面条类食物尽量少吃，尤其是精制白面包或精制面条。莲藕面、荞麦面、全麦面可作为精制面的代替品。不可吃白糖及巧克力。减少油脂摄取，不吃生油（如色拉油），香油可以吃，但要吃熟的，而且只吃几滴就好。不建议吃番茄、茄子、土豆、芋头及灯笼椒。多吃结实食物，如带叶白萝卜、红萝卜、牛蒡、莲藕等。每天吃一些海菜如裙带菜、昆布、海带芽、海苔等。食量也要调整一下，少量吃，然后要细细咀嚼，夜晚临睡前就不要吃东西了。

1 ~ 3 岁幼儿便秘时，除了适量减少富含蛋白质的鱼类、瘦肉及蛋类等辅食外，还要增加含膳食纤维较多的蔬菜、水果及粥类，如菠菜、芹菜、油菜、空心菜、白菜以及香蕉、梨等。特别要指出的是，大量食用苹果有通便作用，但少量食用却可能引起或加重便秘；饭前食用苹果有通便作用。

什锦水果藕粉羹

食 材

牛奶150毫升，香蕉100克，水果味蛋卷20克，巧克力、葡萄干各10克，苹果汁15毫升。

妈咪巧手做：

1. 将香蕉去皮后切成小圆块，淋入苹果汁；巧克力压碎。

2. 碗中放入折成小块的水果味蛋卷，加入香蕉块、葡萄干，倒入烧热的牛奶，撒上碎巧克力即成。

宝贝营养指南：

此款美食很适合给宝宝加餐或作为点心，营养全面，特别是优质蛋白质、钙、维生素D、膳食纤维丰富，果香、奶香浓郁，能增进食欲，对促进幼儿的生长发育、防治便秘很有帮助。除了香蕉外，还可用草莓、苹果等水果来搭配，也可以用儿童小饼干来代替蛋卷。

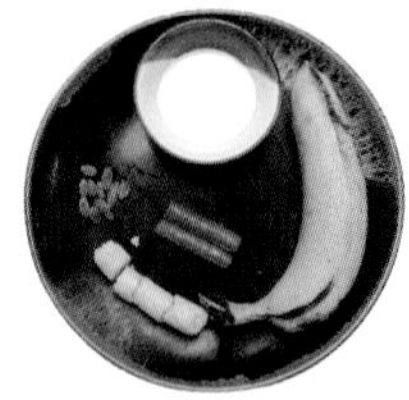

蛋卷香蕉拌牛奶

食材

苹果、梨、香蕉、橘子各1个，莲子10颗，山楂糕50克，藕粉30克，白砂糖、糖桂花各少许。

妈咪巧手做:

1. 把苹果、梨、香蕉、橘子都去皮、核，切成丁；山楂糕切成与水果同样大小的丁；藕粉用少量温水调匀。

2. 锅内放入适量清水烧开，放入莲子、苹果丁、梨丁、香蕉丁、橘子丁，待再烧开后用小火煨 2 分钟，加入调好的藕粉搅匀煮片刻，然后加入白砂糖、糖桂花稍煮，离火，放入山楂糕丁拌匀即可。

宝贝营养指南:

苹果、香蕉特有的香味能缓解不良情绪，有提神醒脑的功效，所含的粗纤维可促进肠蠕动，防止便秘；而丰富的锌是增强记忆、促进大脑发育的必需营养素。梨和山楂糕富含的维生素 A、维生素 C、维生素 E，有助于维持细胞组织的健康，帮助器官排毒、净化，还能帮助消化、促进食欲，并有利尿、通便和解热的作用。

食 材

松子仁30克，粳米60克，蜂蜜适量。

蜜香松子粥

妈咪巧手做：

1. 将松子仁洗净，放入干净的锅中干炒片刻；粳米淘洗干净。

2. 将松子仁、粳米一起放入粥锅中，加入适量水，大火烧开后转用小火煮粥。

3. 煮至粥熟烂时，加入蜂蜜调匀即可。

宝贝营养指南：

松子富含油脂，有很好的润肠通便、嫩肤美容的功效，特别是对老年人体虚便秘、小儿津亏便秘有一定的食疗作用；粳米有助于胃肠蠕动，能帮助消化；蜂蜜对肝脏有很好的保护作用，常食蜂蜜也可防治便秘。

食 材

猕猴桃1片，去皮香蕉半根，芒果1片，大米粥1小碗，白砂糖少许。

多彩水果粥

妈咪巧手做：

1. 把全部水果切成丁，备用。

2. 将大米粥入锅煮开，加入所有的水果丁，拌匀，调入白砂糖即可。

宝贝营养指南：

猕猴桃各类营养齐全，特别是维生素C含量非常高，还含有良好的可溶性膳食纤维，它和芒果都有保护脑神经、提高脑功能的作用。此粥有助于幼儿保持愉快的情绪，适应各种口味和平衡补充营养需求，还能防治便秘。

水果可以用家里现成的代替，或根据季节和宝宝的口味灵活调换。

在给孩子吃橘子、葡萄、猕猴桃等含酸较多的水果后，不宜马上给他吃奶或其他乳品，以免影响营养的消化吸收。

食 材

香蕉2根，牛奶糖8颗，牛奶50毫升。

牛奶香蕉棒

妈咪巧手做:

1. 将牛奶糖放入锅中，用小火加热，加入牛奶，调成牛奶浓浆。

2. 香蕉去皮后切成小段，用开水烫一下，沥干后用竹签穿起来，趁热淋上牛奶浓浆，待稍凉即可食用。

宝贝营养指南:

香蕉含有丰富的糖类、蛋白质、膳食纤维、钾、钙、磷、铁及多种维生素，具有清热解毒、帮助消化、润肠通便的作用，对幼儿便秘有辅助治疗作用，还能保护血管，预防心血管疾病，对防止肥胖、维护皮肤毛发健康也有一定的帮助。这款加入牛奶加工后的香蕉，既可提高幼儿的进食兴趣，又是偏食初给儿童补益营养的理想选择，可作为点心或加餐适量食用，但不宜过量，以免引起孩子对甜食的过分偏好。

食 材

白萝卜600克，生鸡蛋蛋黄2个，小麦面粉60克，葱姜末10克，虾米末20克，火腿末15克，牛奶30毫升，植物油适量，食盐、鸡精各少许。

香煎萝卜丝饼

妈咪巧手做:

1. 将白萝卜洗净去皮，切成细丝，用食盐拌匀腌一会儿，再用纱布裹紧拧干水分。

2. 将萝卜丝拨散，放入虾米末、火腿末、鸡精、葱姜末、牛奶、鸡蛋黄拌匀，分成数团后捏成丸子状，滚上小麦面粉备用。

3. 取平底锅，放入植物油，烧至四成热，将萝卜丸子逐个按扁，放入锅中煎至熟透即可。

宝贝营养指南:

白萝卜有促进消化、增强食欲、补脾养胃和止咳化痰的作用，给幼儿适量食用很有益，能提高孩子的免疫力，保护心血管健康，促进肠胃蠕动和废物排出，防治便秘。

奶香海苔拌土豆

食材

土豆150克，海苔5克，奶油15克，食盐少许。

妈咪巧手做：

1. 将土豆去皮，切成稍大点的丁，用水浸泡片刻，倒入锅中，加入食盐和适量清水，置火上煮；把海苔切成碎粒。

2. 待土豆煮至熟透软糯后倒掉汤汁，转大火并摇晃锅，将水分烘干，趁温热之际拌入奶油。

3. 撒上海苔粒，让拌匀奶油的土豆丁表面沾满海苔粒即可。

宝贝营养指南：

海苔富含胆碱和钙、铁、碘，能增强记忆力，改善贫血，促进骨骼、牙齿的生长和健康，提高机体的抗病能力。土豆是非常适宜幼儿的食物，含多种维生素和微量元素，易于消化吸收，能健脾和胃，对防治小儿便秘很有助益。